# 完全圖解物聯網

## 實戰・案例・獲利模式
## 從技術到商機、從感測器到系統建構的數位轉型指南

**八子知礼**
監修・編著

杉山恒司
竹之下航洋
松浦真弓
土本寬子
合著

經營管理 169

# 完全圖解物聯網：
實戰‧案例‧獲利模式
從技術到商機、從感測器到系統建構的數位轉型指南

編　　　著 —— 八子知礼
合　　　著 —— 杉山恒司、竹之下航洋、松浦真弓、土本寬子
譯　　　者 —— 翁碧惠
封面設計 —— 陳文德
內文排版 —— 薛美惠
責任編輯 —— 文及元
行銷業務 —— 劉順眾、顏宏紋、李君宜

總　編　輯 —— 林博華
發　行　人 —— 涂玉雲
出　　　版 —— 經濟新潮社
　　　　　　 104 台北市民生東路二段 141 號 5 樓
　　　　　　 電話：(02)2500-7696　傳真：(02)2500-1955
　　　　　　 經濟新潮社部落格：http://ecocite.pixnet.net

發　　　行 —— 英屬蓋曼群島商家庭傳媒股分有限公司城邦分公司
　　　　　　 台北市中山區民生東路二段 141 號 11 樓
　　　　　　 客服服務專線：02-25007718；25007719
　　　　　　 24 小時傳真專線：02-25001990；25001991
　　　　　　 服務時間：週一至週五上午 09：30-12：00；下午 13：30-17：00
　　　　　　 畫撥帳號：19863813；戶名：書虫股分有限公司
　　　　　　 讀者服務信箱：service@readingclub.com.tw

香港發行所 —— 城邦（香港）出版集團有限公司
　　　　　　 香港灣仔駱克道 193 號東超商業中心 1 樓
　　　　　　 電話：25086231　傳真：25789337
　　　　　　 E-mail：hkcite@biznetvigator.com

馬新發行所 —— 城邦（馬新）出版集團 Cite (M) Sdn. Bhd. (458372 U)
　　　　　　 41, Jalan Radin Anum, Bandar Baru Sri Petaling,
　　　　　　 57000 Kuala Lumpur, Malaysia.
　　　　　　 電話：(603) 90578822　傳真：(603) 90576622
　　　　　　 E-mail：cite@cite.com.my

印　　　刷 —— 漾格科技股分有限公司
初版一刷 —— 2021 年 6 月 8 日　　版權所有‧翻印必究
ISBN：9789860642735
　　　　　　　　　　　　　　　 Printed in Taiwan

售價：450 元

## 導讀

# 認識物聯網，掌握科技管理的全貌

文／丘宏昌

（清華大學科技管理研究所教授）

相信我們一定常聽到以下的概念：工業 4.0、智慧城市、智慧醫療、智慧家庭、自動駕駛……這些已融入我們日常生活、且未來更加重要的概念，其實都是物聯網（IoT）的思維及應用。本質上，只是將萬物聯網這樣的邏輯，結合感測器蒐集資料、傳輸技術（如 5G）與雲端資料進行分析，分別應用在工業、城市、醫療、家庭、汽車而已。再搭配人工智慧技術，便形成了現在大家常提到的人工智慧物聯網（AIoT）概念。由此可知，對一般民眾或管理者來說，物聯網這個概念都是相當重要、且必須理解的一個重要概念。

坊間上介紹物聯網的書籍相當多，相較起來，本書主要具有以下的三大特色：

首先，本書在物聯網的概念與運用介紹上說明得相當清楚。由於物聯網是一個較新的概念，對工程領域以外的讀者來說，可能會覺得相對艱澀。本書雖是一本日文翻譯書，但內容通順、概念介紹也屬清晰；更重要的，書中在相關概念上描述得簡單清楚，也用了許多圖例進行說明。這對想瞭解物聯網本質與應用的讀者來說，應是一本易讀、易體會的物聯網書籍。

其次，除物聯網的概念與應用介紹外，對想導入物聯網的公司與人員來說，本書也介紹導入物聯網時，該怎麼做（策略面議題）與要做什麼（功能面議題）應注意的問題與內容。看完本書後，對於物聯網該怎麼做的策略面議題，譬如實施目的、應用範圍、獲利模式、潛在商機等；以及功能面議題：包括導入時機、操作系統、組成架構、資訊安全等議題，將有一定的瞭解。

第三，除物聯網概念介紹與如何進行之以上兩點外，本書特別結合許多日

本實際案例與現況應用加以說明。由於日本的製造業具相當的水準，對許多台灣的公司來說，的確有值得借鏡之處。因此，藉由介紹日本物聯網發展經驗與相關日本公司的應用與做法，應可提供台灣讀者一些寶貴的經驗。

最後，要特別提醒讀者、尤其是擔任管理的人員，一定要特別注意像物聯網這樣的新科技出現後，必須評估科技對現有經營及商業模式產生的影響與衝擊。舉例來說，ETC（電子收費系統，Electronic Toll Collection System）、智慧型手機、電動車、飛機引擎或風力發電之效能改進等，都是物聯網的應用。如 ETC 的出現，可使政府更瞭解車流的資訊、並提出紓解交通壅塞問題的對策，可使民眾減少高速公路上停車繳費的時間且自動扣款，亦可藉車輛辨識管理，運用在停車場的動線與進出。智慧型手機的出現，除了對人際間溝通方式產生巨大影響外，也透過手機與銀行及商家的溝通；手機（或智慧音箱）與電器家具的溝通等，都對現代的生活與智慧家庭產生重大且深遠的影響。電動車（如特斯拉〔Tesla〕）的出現，讓汽車已有相當部分逐漸透過軟體更新來取代實體零件更新，透過線上軟體升級來修復汽車的問題，使車主不用跑維修廠，現今的汽車業似逐漸轉為電子業，並針對不同的客群提供不同的效能。對飛機引擎或風力發電等昂貴設施來說，若能藉由大數據的分析，降低飛機引擎 1% 的故障率、或藉由調整風力發電機的角度而提升 1% 的發電效能，都可藉由物聯網技術大幅提昇經濟產值、創造更高的價值。

然而，由於物聯網的成效須仰賴大量資訊的蒐集與分析，此時，所蒐集的顧客資訊要如保護與運用、公司與夥伴廠商間該如何分享與使用資訊等議題，也成為一項新的重要課題。因此，除物聯網的技術外，伴隨新科技所產生的對應管理問題，也是實施物聯網公司未來要多加注意的地方。

# 前言

　　對於 IoT（Internet of Things，物聯網）這個話題，引起全球關注已經有好幾年了。同樣地，日本也有愈來愈多的企業，很明顯地打著 Connected Industries（工業互聯）的旗幟，表現出很大的興趣與意願。IoT 在日本的確也引起了很大的迴響，得到許多知名大企業的支持。但是，實際上到底該怎麼做、要做些什麼，還是有許多公司至今都尚未找到明確的目的和方法，這種現象也是事實。還有筆者也經常遇見許多企業和作業現場的作業人員，都還存在著一個根深蒂固的觀念，就是以為 IoT 只不過就是將現有的系統業務和商業活動，運用一些新的科技達到更好的效果如此而已。

　　到目前為止，對於從事系統開發的工程師而言，即使擁有所謂會計、人事和銷售管理等核心系統方面的豐富經驗，對於 IoT 系統的認識還是摸不著頭緒，不知如何著手。而嵌入式設備開發的系統工程師好像也是同樣的不知所措。要知道 IoT 系統的開發重點，已經不在於設備內部的封閉式系統開發，而是如何將數據傳送到雲端、如何提供雲端與設備端之間的數據處理、分擔作業，如果無法針對這些技術積極學習，肯定一定會被遠遠地拋棄在時代潮流之外。

　　出版此書最大的目的，就是希望能夠針對 IoT 領域中各種的相關技術加以介紹、說明，無論是與這些領域相關的工程師、還是一般讀者，期盼讀者大眾在閱讀本書之後，對 IoT 的業務內容、商機、特別是 IoT 系統建置時所需的基本架構和技術、目前進展的方向等都能有一個整體的概念與深入的了解。所以本書的內容也涵蓋了一向不大為人所熟悉的感測器設備、IoT 平台的所有內容、從結構到操作、還有所創造出的商機服務等。期盼這本書能夠幫助讀者們對 IoT 的結構有一番完整的認識、更希望讀者們能更有信心迎向這些挑戰。

2017 年 9 月

八子知礼

# 目錄 （本書依據2017年原書刊載的內容翻譯）

# 第2章　IoT 的組成架構 046

# 第 3 章　各式各樣的數據來源　089

# 第 5 章 數據的分析必須以應用為前提 151

# 第 **6** 章　日益重要的 IoT 系統操作 **193**

# 第 7 章　IoT 需要全面的資訊安全　223

# 第 8 章　全面的平台服務系統　249

# 第 1 章

# IoT 的現狀和
# 現存環境

# 不再需要密碼的 IoT 現狀

## IoT是許久以來就存在的名詞

近年來廣泛使用的 IoT（Internet of things，物聯網）一詞，事實上早在 20 多年前就已經存在，基本的概念和想法也都相同。

IoT 一詞最早是由專門研究先進感測器的美國 Auto-ID 研發中心的創始人凱文・艾希頓（Kevin Ashton）於 1999 年首次使用。當時，各種的服務和商業行為開始透過所謂的 E-Commerce（Electronic Commerce，電子商務）的網路連結進行商業交易。

藉由電腦等設備的連結造就了 Internet（網際網路）的普及，當時網路的主要使用主體也僅限於人的使用。但是，專門研究感測器的艾希頓在當時就有了先見之明，預測不久的將來，網路應該不再只是單純地只能仰賴人為的操作，只要搭載感測器或是某種的控制設備，應該就能連結機器與機器、設備與設備之間的溝通，機器本身可以直接連接網路，機器設備可以互相交換各種訊息，如此一來，一定可以提供人類更好、更舒適的環境、狀態和服務。

## IoT 一詞的由來背景

雖然 IoT 這個名詞產生的背景，當初是想透過網路的手段，構成物與物之間的連結，也的確在 1999 年的當時，專業的網路設備之間也已經是可以互相連結的了。而如今的 IoT，除了機器設備之間可以互相連結的想法之外，也慢慢朝向設備連接之後，可能提供的各種功能服務、各種機器設備不需要網路就能進行彼此之間的訊息傳輸，例如現在的 IoT 裝置設備及各種的穿戴裝置。

可惜的是，當時這種想法和 IoT 一詞並沒有得到廣泛的認知。事實上，即使在現在還是有許多想法都沒有被實現。那是因為當時的網路和通訊環境等等的運算技術，都還不到可以實現 IoT 的狀態。還有，當時還是類比訊號的環

境，如果要轉化為數位化的感測設備，必須付出很高的設備成本，也被視為是阻礙實現 IoT 的主要原因。

##  M2M 關鍵字的興起

2000 年之後，就有了所謂的 M2M（Machine to Machine），也就設備與設備之間相互的訊息傳輸，幾乎與 IoT 的想法理念可以說是非常相似，且 M2M 這個關鍵字的使用，在當時也成為一個非常廣為人知的名詞。所以在之後接下來 10 年左右的時間裡，IoT 幾乎是已經成為一個被遺忘的名詞。

M2M 和 IoT 基本上的想法都是相同的，都是藉由機器設備之間彼此的相互連結，不需要透過人為的介入，就可以蒐集訊息數據。但是，M2M 的使用區域就僅限於類似一個事業體或企業內部這樣封閉的環境，無法在範圍較廣的區域內使用。像機器設備的另一端可以連結多數的雲端，或是與其他系統做整合等這樣的處理方式，都不屬於 M2M 可以執行的範圍。對比之下，IoT 的概念則是含蓋了 M2M，而且內容更多更廣泛（兩者之間的差異於第二章的 2.1 將再詳加說明）。

在這裡，我們舉一個 M2M 比較典型的案例，就是日本小松製作所所建置的監控系統 KOMTRAX。小松製作所的 KOMTRAX，將全球各地的建設工程機具，都搭載了無線通訊和 GPS 的功能，隨時可以掌握任何一台機具的所在位置，萬一機具設備突然發生了故障，在遠端的控制中心，不僅可以隨時掌握現場的狀況，還可以提供及時的協助。KOMTRAX 自 2000 年開始上線以來，就一直朝向穩步的發展，不斷地嘗試各種的先進技術模式，目前也正考慮與外部

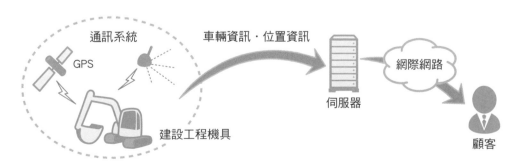

□【圖表 1-1】技術領先的日本小松 KOMTRAX 最新概況

連結，朝向 IoT 系統發展。

##  連接比全世界人口數還要多更多的 IoT「轉折點」

2000 年左右已經逐漸被遺忘了的 IoT，在 2011 年又再次成為人們關注的焦點。主要是因為美國思科（Cisco Systems）當時研發部門 Cisco IBSG（Internet Business Solutions Group）的戴夫・埃文斯（Dave Evans）發表了「The Internet of Things How the Next Evolution of the Internet Is Changing Everything」的白皮書。文中，埃文斯就指出網際網路（Internet）所連結的機器設備數量將會不斷攀升，到了 2008 年、2009 年間，所連結的設備數量將會超過全世界的人口數，成為網際網路的轉折點。

❏【圖表 1-2】連接比全人類人口數還要多更多的 IoT轉折點

該白皮書指出，往後的商業行為將不再僅限於透過人為操作的個人電腦和行動電話所連結的網路模式，不需要人員的介入也能單靠機器完成商業行為。也是因為這篇報告，觸發了 Cisco Systems 從此成為發展 IoT 的先驅。

##  德國的國家戰略工業 4.0 是 IoT 的加速馬達

如果要說促使世界朝向 IoT 實現之路的主角，應該就屬盡最大加持之力的德國，也就是 2012 年德國在中長期國家戰略中所提及的工業 4.0（Industry 4.0）。

當初主要的出發點是德國為了保護自己國內的製造業，希望製造業工廠可以與外部連結形成所謂的「聯盟工廠」。就這樣成就了一次重大運動，並發展成第四次工業革命的工業 4.0。德國的這場革命，因為嘗試將所有產業的各種事與物相互連結，所以不僅有政府的全力投入，還有產官民三方的全面合作。當初的計畫是希望在 20 年內實現這項策略，但之後因為同時也加入了其他國家／地區的合作，也就更加快了實現的腳步。

 **美國工業互聯網的發展趨勢**

在德國工業 4.0 開始之後的兩年，美國也發起了所謂的工業物聯網聯盟（Industrial Internet Consortium，IIC）來與之相互呼應。IIC 主要是一個提倡在工業領域中應該積極使用網路互相連結的組織，最初是由奇異（GE）、思科（Cisco Systems）、IBM、英特爾（Intel）和 AT ＆ T 聯合創立。具體作法當中，GE 就從自己公司的商業模式開始，透過工業機器和設備連接到網際網路的概念，推出「工業型網際網路」（Industrial Internet）的新型態商業模式，截至 2017 年 4 月，已有 263 家企業加入。

這個聯盟，也不斷地嘗試將各種各樣的「關聯商業模式」盡其快速的在 Test Beds（試用平台）進行連結。到了 2017 年的現在，在「開放式合作」的概念之下，已經有 30 個試用平台嘗試這樣的連結模式，在各種的產業領域推行網際網路的相互使用。以下我們就列舉幾個典型的試用平台。

● 企業資產的效率化（Asset Efficiency）
● 工廠內部的可視化（FOVI：Factory Operations Visibility and Intelligence）
● 都市下水道的智慧化（Intelligent Urban Water Supply）
● 航空行李的智慧化管理（Smart Airline Baggage Management）
● 醫療　看護的相互連結（Connected Care）
● 產業數位化（Industrial Digital Thread）
● 農業作物管理（Precision Crop Management）
● 工業網路的時效性網路 TSN（Time-Sensitive Networking）

## 中國版的 IoT「物聯網」

除了德國和美國，2009 年，時任中國總理的溫家寶宣布了一項互聯網構想，希望透過各式各樣的感測器和 RFID 標籤[1]，再加上資訊網路的配置，讓整體都市可以朝向智慧城市發展，也就是說是在城市的每個角落都可以落實 IoT 的想法，在當時的確引起了相當大的關注。這個中國版的 IoT，應該說主要是由國家的力量所主導，從早期雲端的應用到實現中央集權的模式，也可以說是嘗試將各式各樣的事與物透過網際網路加以連結的敲門磚。

## 日本 IoT 的現況

同樣此時，日本也注意到各國不斷地積極的投入發展 IoT，所以這幾年也相繼成立了幾個發展組織。

首先，有類似工業 4.0 的聯盟，是一個由製造業領軍，結合了產、官、學、民等各大領域的 IoT 推進聯盟，於 2015 年底左右成立。該聯盟因為有政府經濟部門、交通部門、內政部門等的投入，所以總共連結了近 3,000 家企業。實際上各種試用平台的 IoT 推廣實驗室也同時在各地啟動地方版 IoT 推廣實驗室，截至 2017 年 8 月的現在，已經大約有 74 個地方政府實驗室得到了認證。即使在都市以外的鄉鎮，IoT 業務的推廣的聲音也愈來愈高漲。

除此之外，幾乎同時還有日本工業 4.0 推動聯盟（Industrial Valuechain Initiative，IVI），主要是以維持日本工廠特有的現場作業能力為目標，希望成為製造業中的「互聯工廠」、還有積極推展先進製程機器人的機器人革命倡議協議會（Robot Revolution Initiative，RRI）都相繼成立。都是以歐美的推展型態為基準，同時也應用並加入日本製造業獨特的「改善」（Kaizen）文化特色，也開創了多個先進的案例。

另外，還有一個很早以前就已經成立的行動運算推廣聯盟（Mobile

---

1 RFID 即為無線射頻辨識 Radio Frequency Identifier 的縮寫，RFID 是將 ID 訊號嵌入標籤之中，透過無線電訊號，在近距離之內即可進行訊息的交換。

Computing Promotion Consortium）的組織，之前主要是推廣行動設備的資訊處理，曾經也有幾個與 M2M 相關的案例，但在 2011 年，無線 M2M 委員會成立之後，就有了更多行動網路應用的 IoT 案例。同樣地，在 2010 年底啟動的新世代 M2M 聯盟也召集了大量的企業會員，不斷地收集各種案例、檢討解決方案、建立、推廣開放式的規格標準。

【圖表 1-3】日本 IoT 的主要推廣組織

| | 推廣單位 | 會員人數（2017 年 4 月） | URL |
|---|---|---|---|
| IoT 物聯網發展協會 | 日本總務省／經濟產業省 | 法人 2945、專家 146、地方公共團體 49、中央部會 12 | http://www.iotac.jp |
| IVI | 社團法人日本工業 4.0 推動聯盟（Industrial Value Chain Initiative） | 正式會員 123、支援會員 65、贊助會員 14、學術會員 17 | https://www.iv i.org |
| RRI | 機器人革命倡議協議會（Robot Revolution Initiative）／日本機械工業連合 | 企業 293、團體 100、研究機構 14、個人 53、學會 3、地方自治體 9、合計 472 | https://www.jmfrri.gr.jp |
| 無線 M2M 委員會 | MCPC 協會（Mobile Computing Promotion Consortium Alliance） | 幹事會員 8 社、正會員 46 社、贊助會員 89 社、互助團體 22 團體、Worldwide 合作團體 9 團體（MCPC 整體） | http://mcpc-jp.org |
| 新世代 M2M 聯盟 | 新世代 M2M 聯盟（New Generation M2M Consortium） | 理事會員 6 社、一般會員 76 社、準會員 3 社、贊助會員 6 團體 | http://www.ngm2m.jp |

## IoT 在各國的共同努力之下快速發展

德國與美國 IIC 於 2016 年 3 月簽署了一項合作協議。同年 4 月，在德國舉行的漢諾威工業博覽會（Hannover Messe）上，IIC 也參與出展，正式開啟了雙方密切的合作。

除了洽談合作之外，在這次的漢諾威工業博覽會上，德國和日本政府也針對 IoT 的技術領域，雙方簽署合作備忘錄，同意共同推展技術的標準化。還

有，同年 10 月日本 CEATEC（Combined Exhibition of Advanced Technologies，最先端電子資訊高科技綜合展）的展覽會上，美國的 IIC 和推行邊緣運算的開放霧聯盟（Open Fog Consortium）、再加上日本的 IoT 促進聯盟也共同簽署了備忘錄，三方承諾將來在 IoT 的領域中相互合作及促進發展。

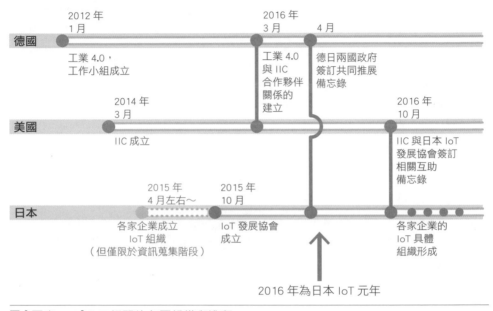

□【圖表 1-4】IoT 相關的各國組織與進程

　　從【圖表 1-4】可以得知，各國之間對於 IoT 已經有了相互合作的意識，所以在 2016 年，各國之間便開始相繼簽署各種的合作意向書。這樣的協議簽署活動是非常具有像徵意義。因為這不再是以國家為單位發展 IoT，而是超越國界追求全球規模的「商業互聯」的實現，也可以說是試圖借助政治的力量開始加速推動 IoT 的前進。

　　至於日本，日本於 2017 年 3 月在德國舉行的漢諾威電腦展（CeBIT）中被選為重要的合作夥伴。在經濟產業省和日本貿易振興機構（JETRO）的支持下，該次電腦展也是日本史上最大規模的出展，共有 118 家日本企業參與展出，展示了日本的製造業技術和 IoT 解決方案，也向國際展現當時日本 IoT 的推展現況和商業功能。

## IoT 正式走入你我的生活

本書一開始，筆者就提及 2016 年是日本的 IoT 元年，這是因為筆者非常確定 IoT 計畫在日本已經正式開始積極佈局。

有關諮詢和整合工廠作業現場的各項諮詢事項，早在兩年之前就已經進入資料蒐集階段開始穩步發展，一些比較高階的企業也已經脫離 PoC（Proof of Concept，概念性驗證）的做法，開始進行更實際、更商業化的型態。當然，現在還有許多企業才剛剛開始考慮採用 PoC，這些都才剛剛起步也是事實。

過去我們經常聽到有人嘲笑「IoT 不過就是個時髦的術語」，但是，IoT 已經成為世界潮流的現在，已經很少聽到這樣的耳語了。也可以說，空談概念的時代已經結束了，IoT 已經從平台的使用階段轉向商業化，也象徵 IoT 嚴峻的競爭挑戰也正式開始。

在這種情況下，我們可以看到在過去的三至四年之中，物聯網業務已經在全球迅速拓展。藉由各種事與物的網路連結，讓整個價值產業鏈充分得以運用網路，也就可以將整個產業結構不斷地往前推進，由現行的模式不斷地提升到下一個模式。就是因為透過了這樣的政治潮流和各國的努力，筆者深深地感覺，眼前 IoT 所連接的每個組合，在不久的將來，一定會形成另一個商業模式和社會結構。

另外，這次 IoT 的崛起與以往大不同的是，這是一次製造產業和 IT 產業共創的商業模式。也可以理解為，只有將工廠作業技術的 OT（Operational Technology，操作技術）和 IT（Information Technology，資訊科技）互相結合才能實現真正的 IoT。

# 實現 IoT 主要的技術和背景

 **iPhone 的問世，10 年之內將促使感測設備的價格更趨低廉**

　　2017 年是蘋果 iPhone 推出的第十個年頭。iPhone 於 2007 年推出，至此樹立了智慧型手機的標準，與搭載 Google OS（Operating System，作業系統）的 Android 智慧型手機共同占領了全球市場。這款智慧型手機的普及也是成為了實現 IoT 的第一個技術要素。

　　現在的智慧型手機大約都配備了 5 到 10 個感測元件。最典型的代表有：取得位置訊息的 GPS、磁場感測器、加速度感測器、陀螺儀感測器、光線感測器，距離感測器、指紋感測器等。這些感測器曾經都非常昂貴，但是，隨著每年數億台智慧型手機的銷售，價格也逐步下降。

□【圖表 1-5】感測設備隨著出貨數量的增加而形成的價格下降（出處：IC Insights）

僅僅還是幾年之前，如果要同時搭載多個感測器的環境感測設備，所需的價格通常需要數萬日圓，但現在的價格居然可以不用 1 萬日圓。主要就是 2000 年智慧型手機的普及，一下子就解決了影響 IoT 普及主要技術之一的感測器價格問題。

 ## 雲端技術登場後，建置成本 10 年內也將大幅降低

成就實現 IoT 的第二個技術就是雲端運算。雲端運算這個名詞，最早是由時任 Google 執行長的艾立克‧史密特（Eric Schmidt）在 2006 年提及亞馬遜的 AWS（Amazon Web Services，亞馬遜雲端運算服務）時首次使用。從那時起，透過收取使用費用，提供網路連結到數據中心資料庫並可使用資料庫內的運算資源的服務（商業模式的一種）已經非常普及。這種運算資源所使用的型態就稱為雲端運算（以下簡稱雲端）。如今，雲端已經變得如此重要，以至於沒有雲端，就無法快速啟動服務、靈活利用資源和進行資料分析和比對。

現在讓我們來看看雲端是如何運作的。所謂的雲端其實就是一個擁有大量伺服器的資料中心，透過網路有效的利用這些運算資源。每台伺服器設備均透過軟體運算進行虛擬化，可以在單一實體的伺服器上，執行多個虛擬的軟體伺服器。

這些虛擬伺服器可以在需要的時候自動啟動，也可以在不需要時關閉。這還意味著可以根據服務的需要與否，任意擴充伺服器的使用數量。因為在虛擬伺服器關閉的狀態時是不需要付費，與實際擁有的伺服器設備相比，實體伺服器不但需要支付電費、人事費用之外，還有許多操作上的問題，這樣的虛擬伺服器的成本實在是低得多。像這樣可以按月支付使用費用，用很低的成本使用資源就是很大的優點。總結而論，雲端具有以下幾個特點。

● 可以透過網路有效地利用集中在資料中心的資源
● 主體是透過軟體的虛擬伺服器
● 僅針對使用的時間進行收費的服務模式
● 低使用成本

● 即使面對壓倒性的擴充也可以確保服務

　　即使剛開始的時候所需要的伺服器設備可能只是少數幾台，但隨著各種的事與物愈連愈多時，此時的 IoT 系統也有可能在很短的時間之內，就需要快速擴增到數百個台以上的狀況，這時的雲端也能在必要的時候，迅速調整到必需的運算環境。在面臨爆發性成長的 IoT 系統建置時，電腦資源和應用系統的及時擴充因應，在從前可能會造成很大問題，但是隨著雲端的普及這些都不再是問題了。

 ## 社群媒體問世後，10 年之內將造成資料大爆炸

　　被視為可以促使 IoT 實現的第三個技術要素，應該就是以下我們要探討的應用系統領域了。根據調查，目前在全球已經擁有超過 18.6 億活躍用戶（根據 2016 年 4Q Statistica 調查）的 Facebook，於 2006 年才開始開放服務。同樣地現在粗估在全球擁有 3.2 億的活躍用戶（根據 2016 年 4Q Statistica 調查）的 Twitter，也是開始於 2006 年。這兩家巨型企業從創造**社群網路服務**（Social Networking Services，**SNS**）到引領潮流，也才僅僅 10 年。

　　還有，被 Facebook 收購的 Instagram 自 2010 年推出以來，在很短的時間內也獲得了 7 億的使用戶。另外，由 Google 在 2011 年發布的 Google⁺也同樣擁有多達 3.5 億的活躍用戶。

❏【圖表 1-6】主要 SNS 的 MAU（Monthly Active User，每月活躍使用帳戶）

| SNS 名稱 | MAU | 開始服務時間 |
|---|---|---|
| Facebook | 18.6 億人 | 2006 年 ( 一般使用戶 ) |
| Twitter | 3.2 億人 | 2006 年 |
| Instagram | 7.0 億人 | 2010 年 |
| Google+ | 3.5 億人 | 2011 年 |

　　重要的並不只是這些 SNS 活躍用戶的數量。用戶在使用行動裝置四處移動

的同時，使用行動裝置的應用軟體所發布訊息的**內容量**也同樣非常的重要。例如，簡訊、圖片、影片等使用戶自己發布的內容，也就是所謂的消費者自主媒體（Consumer Generated Media，**CGM**）的數量也變得非常驚人。當這些照片和訊息在朋友間公開交換、傳播時，這些數據已經不僅僅止於用戶（和他的朋友）的裝置設備之中，可能已經被大量地複製、大量地擴散。近年來，這些的數據數量一直不斷地攀升，再加上影片的即時串流等等，這樣數據量是絕對不可能會減少。

 ## 大數據分析時代的到來

隨著行動裝置設備和 SNS 的應用，夾帶了數據量的爆炸性增長，在這種情況之下，如果沒有便宜且豐富運算的電腦資源實在無法運作。在今天，據說全球每天生成的數據量就有 2 Exabyte（EB）[2]，但，據說也只有其中的 5%左右[3]會被拿來應用。如果我們能夠更深入地分析這些數據並加以利用，那麼我們的商業活動應該會有更好的進展，我們的生活也會更加舒適。

對於存儲在雲端的海量數據，如果還可以再加以更高度的解析，應該也可以提早預知一些故障的發生，能夠防範事故於未然。所以，在這個稱之為**大數據分析**的領域中，目前已經開始使用人工智慧（Artificial Intelligence，**AI**）進行分析，也期待儘速發現各種最佳的應用模式。

例如，從前主流的分析手法是針對公司所擁有的某些時間序列數據進行交叉分析和統計。如今，我們也會使用其他公司所擁有和出售的數據，例如在 SNS 針對天氣預報和實際的氣象測量等數據進行分析的推文。透過購買的服務，可以大大提高分析和預測的準確度。如果同時，再加上雲端運算的資源應

---

2　1 Exabyte（EB）$= 2^{60}$ Byte（B）$= 10^6$ Terabyte（TB）

3　參考資料：

- https://www.alturacs.com/blog/digital-transformation-is-creating-data-at-an-unprecedented-historical-level/
- https://www.rcrwireless.com/20121212/big-data-analytics/huge-big-data-gap-only-0-5-data-analyzed

用，僅僅只要負擔從前數十分之一的成本費用，就可以在很短的時間達到有效分析的效果。

 ## 第三平台是 IoT 的技術背景

在前面的章節，我們介紹了社群媒體（Social）、行動裝置（Mobile）、大數據分析（Analytics）和雲端（Cloud）等技術，美國的國際數據資訊公司（International Data Corporation，IDC）就將這些技術定義為第三平台（根據每個英文字的縮寫也稱為 SMAC）。有人說，這些技術也就只有 IT 產業才會進行投資。但是，筆者深深覺得，除了 IT 產業之外，其他的一般公司，如果不能好好地運用這些技術，在各自的領域應該也很難有所創新。

在這第三平台當中的行動裝置、雲端和社群媒體，湊巧都是在 2007 年之前陸續登場。之後 SMAC 又添加了「分析」這個技術，也成為實現 IoT 不可或缺的要素。說不定 2017 年也就是這些技術達到普及的「轉折點」。

❏【圖表 1-7】2017 年是 IoT 第三平台登場後 10 年的轉折點

| iPhone 問世十週年 | 現在的智慧型手機最早出現的就是 2007 年 iPhone。從那時起算，至今已經達到了達數十億台的出貨規模，隨著智慧型手機搭載的各種感測裝置，價格也隨著大量的出貨而大幅下降。 |
|---|---|
| 雲端問世約 10 年 | 2006 年，Amazon 首次推出基礎設備的租賃服務。當時擔任 Google 執行長的艾立克・史密特（Eric Schmidt）就將其稱之為雲端運算。 |
| 目前蔚為流行的社群媒體已經約有 10 年的歷史 | Twitter 開始推出服務、Facebook 開始開放一般用戶服務都是大約在 10 年以前。在過去的 10 年當中，群眾已經開始利用社群媒體大量的傳播訊息，也開始利用媒體向市場發布含有行動或情感的大量文字訊息、資料和圖片影像。 |
| 巨量資料和即時的數據分析 | 隨著行動裝置設備的發展，移動訊息就不斷且大量地增加。此外，社群媒體的開發，使得從前的文字數據進化為不斷爆量的各種訊息、照片和影片等等。都促使了現在的雲端運算，在短時間之內即可進行巨量的數據分析。 |

## ① 智慧型手機的普及

- 2007 年 iPhone 登場
- 無需網路也可互相串聯（100 億台）
- 搭載約 5 ～ 10 個左右的感測器
- 隨著智慧型手機的出貨數量增加，感測器的價格相對隨之下降 IoT 的應用隨之開始

## ② 雲端的普及

- 2006 年 Amazon Web Service 推出計時的伺服器租賃服務
- 透過快速的創業活動及靈活的資源運用，使得創業更加迅速容易速
- 實現廉價的資料處理服務

## ③ 社群媒體網路的普及

- 2006 年 Facebook 和 Twitter 服務開始
- 消費者形成自媒體（CGM: Consumer Generated Media）
- 照片和訊息可以大量分享
- 引起共鳴的數據訊息容易大量複製／散播

## ④ 大數據分析

- 透過行動裝置和雲端運算的應用及社群媒體所形成的海量數據，將可大幅降低數據的分析成本
- 對於現行處理能力完全無法想像的大量數據，完全可以實現即時分析的可能

🔲【圖表 1-8】擁有 4 項技術的第三平台

所謂的第三平台，主要特徵如下：

◯ 實現低成本的採購

◯ 建置時間的縮短

◯ 藉由模組式的組成，可以擴張更多功能

◯ 可以生成並處理大量的數據資料

除了以上的特點，也比較容易運用所謂的「數據驅動」利用大量數據運算分析的經營模型，同時也可以篩選出最佳的商業機會（需求）和供給機會（資源）。

這樣的結果，就出現了許多共享事物或是提高利用率和收費的商業模型，這些在從前可能都是不能充分被利用或是很難獲利的機會損失。其中成功的例子就包括了叫車系統的 Uber，和提供私人住宅和公寓作為住宿的 AirBnB。

## 從行動雲端到 IoT

筆者於 2009 年在日本率先提倡行動雲端運算的概念。這個概念主要是結合了，代表行動裝置的智慧型手機和代表行動技術的雲端，所創造出新的商業模式。因為這兩種技術的結合也造成了工作模式的巨大改變。例如，我們在工廠內部的 IoT 就可以一面移動一面進行業務的處理，實現了智慧工廠的工作環境場景。

另外，就行動雲端運算的未來模式而言，筆者認為沒有人為介入的 M2M 商業模式將成為下一個商業領域，現在這些模式都可以統稱為 IoT。就筆者的經驗，如果再加上行動裝置和雲端技術的導入和組合，IoT 在某種程度上就已經可以說是實現了。

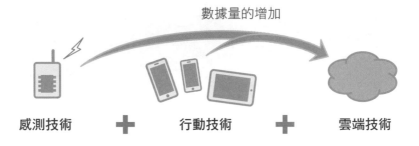

數據量的增加

感測技術　＋　行動技術　＋　雲端技術

因為感測設備台數和行動裝置數量的增加，
再將大量的數據拋上雲端的模式即是 IoT。
透過行動裝置和雲端的結合在某種程度上是完全可以實現的。

□【圖表 1-9】感測技術 + 行動技術 + 雲端技術打造的 IoT 物聯網

 ## IoT 無法僅憑技術導入

與行動雲端相比，考量和導入 IoT 的確還是存在一些困難。也就是說，IoT 的導入可能是在工廠的作業現場、或是物流現場、零售銷售店面或是從事農水產行業的現場人員。IT 部門的工程師通常很習慣於教導辦公室的工作人員導入

系統，但是對於工廠的作業現場或銷售場域的作業人員間的溝通，似乎還不大能掌握。用比較極端的話說，IoT 的終極目標就是創造一個不需要人員介入的自動處理環境。換句話說，與工程師必須介入並教導使用方式這樣的常規系統是有很大的不同。

　　到目前為止 IoT 的技術性要素幾乎都已經完整了。因此，現在的技術已經是一個非常容易就可以建置 IoT 系統的環境。只是，在建置系統時必須要了解**「在何處建置」**、**「針對什麼課題」**和**「希望達到什麼樣的效果」**。但，這些並不容易，建置系統的人並不知道工作場域的實際工作情況。另一方面，在許多情況下，我們希望透過這些建置的系統實現什麼樣的商業模式還是一無所知。換句話說，從 IT 的角度，無法掌握工作現場人員的問題，現場的工作人員也看不到未來希望達到的整體概況，實際的狀況就像兩條平行線很難有交集。工程師可能會認為「我們已經有技術就可以了呀」，但是重要的是必須大家都要認清，**不是單憑技術就可以順利實現 IoT**。

# IoT 的市場規模和未來潛力

 從連結 500 億個事與物的 IoT

到了 2016 年，各個行業對於可以連接許多裝置設備的 IoT 這樣深具潛力的商務活動抱有很高的期望。在此之前的 IT 產業，一向都是隨著終端機數量的增加，包括服務業務在內的商業市場規模才能不斷擴大。

例如，個人電腦的市場規模大約為 10 億台，智慧型手機等行動裝置的市場規模為 100 億台，但是 IoT 的市場規模預估就可能達到 500 億台。因此，IT產業充分認為 IoT 深具無限的商業潛力，因為僅就以每個裝置設備為對象來收取費用的話，就可以想像這個市場規模有多大了。

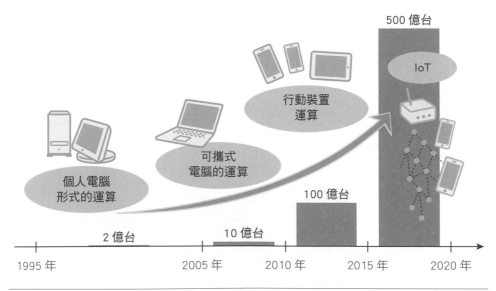

❏【圖表 1-10】IoT 市場的規模變化（ZK Research：2016 年）

除了 IT 產業以外的企業同樣也對 IoT 寄予無限厚望。期待可以藉由各種事與物的連結，可以讓作業現場的工作更順暢，從而提高效率並降低成本。但

是，事實上，還沒有完全感受到 IoT 的效果和優勢的企業還是很猶豫是否也要採用 IoT。

##  IDC 對日本 IoT 市場的預測

美國國際數據資訊公司的日本分公司 IDC Japan 在 2017 年 2 月就曾發布了「日本國內訊息技術市場之用途別／產業別的預測」，內容主要是針對日本 IoT 市場按用途和產業別進行市場規模的預測。2016 年針對使用戶的支出預估可以達到 5 兆 270 億日圓，到了 2021 年有望達到 11 兆 237 億日圓。顯示市場在五年內將成倍數成長，是非常深具潛力，這也是意味著 IoT 的使用在未來還是會持續成長。

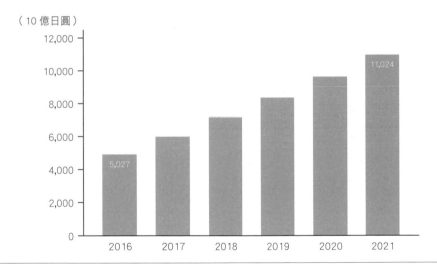

（10 億日圓）

❏【圖表 1-11】日本 IoT 的市場規模預測（IDC Japan：2017 年）

該報告也舉出了以下多個將來可能高速成長的案例。例如：農場的監控、零售商店裡的個別建議、醫院內的臨床護理、智慧電網、遠端的保險處理、居家生活的自動化、智慧家電等。報告指出 2020 年之前，每一個案例平均每年大約都會呈現 25% 左右的成長。

##  從日本 IoT 市場的產業預測

在這裡我們可以看一個專業的預測案例，2016 年 11 月日本的總合行銷計畫公司（Sogo Planning Co., Ltd）就曾經發布所謂「2017 年 IoT 相關市場的未來預測」的一項研究，該研究就是針對各個產業，預測 IoT 將來的市場規模（請參見下圖）。這項報告都是針對業界的成員實際進行採訪得知的研究，所以可信度非常高。

由這份研究報告，我們知道在往後接下來的幾年，日本的 IoT 市場成長最快速的產業應該就是運輸產業（2,690 億日圓）、製造業（1,935 億日圓）和娛樂遊戲產業（2,063 億日圓）（注：所有數據資料都是針對 2020 進行的預測）。其中運輸產業中與汽車相關的產業，預估到了 2020 年將會遠遠超越其他產業成為成長速度最快的產業。因為在其背後存在政府的力推，希望在 2020 年之前自駕車技術可以有長足的進步。這也是我們非常期待 IoT 的相關技術可以藉由自動駕駛技術的成長達到相輔相成的進步。

另外，娛樂遊戲產業領域中，有關真實的實體空間和虛擬的數位空間相互交替的 AR / VR 遊戲在 IoT 上的應用，引起了非常大的關注，因此也很多人都非常期待能在這種屬於 IoT 級別的遊戲場（如：科技體驗館等）中，可以嘗試使用 AR / VR 技術。

##  從市場預測各有不同，但規模皆超過 10 兆日圓

經過上述資料的解讀可以得知，即使在日本，IoT 也是一種非常有吸引力的商業和技術趨勢，整個相關產業的市場規模無論是哪一種預測，都有可能超過 10 兆日圓。由於與 IoT 相關的領域非常廣泛，因此相關的定義和解釋都不是只有一個版本。當然，對於市場規模的解讀也會因調查而異。在這一點上，筆者認為我們需要以一種更容易理解的方式重新詮釋。

因此，在下個章節，我們將重新討論何謂 IoT。由字面上來看，日文被翻譯為「事與物的網路」，應該就已經涵蓋了廣義的解釋，但，這樣的字面翻譯可以嗎？其真正的本質又是什麼呢？

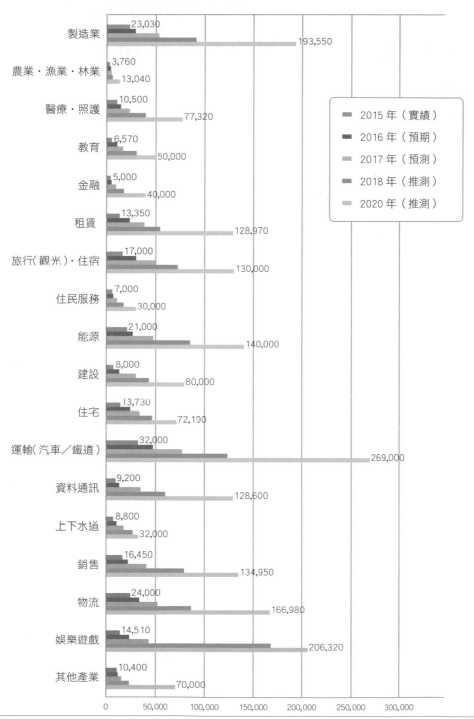

| | |
|---|---|
| ■ | 2015 年（實績） |
| ■ | 2016 年（預期） |
| ■ | 2017 年（預測） |
| ■ | 2018 年（推測） |
| ■ | 2020 年（推測） |

製造業 23,030 193,550
農業・漁業・林業 3,760 13,040
醫療・照護 10,500 77,320
教育 6,570 50,000
金融 5,000 40,000
租賃 13,350 128,970
旅行(觀光)・住宿 17,000 130,000
住民服務 7,000 30,000
能源 21,000 140,000
建設 8,000 80,000
住宅 13,730 72,190
運輸(汽車／鐵道) 32,000 269,000
資料通訊 9,200 128,600
上下水道 8,800 32,000
銷售 16,450 134,950
物流 24,000 166,980
娛樂遊戲 14,510 206,320
其他產業 10,400 70,000

❏【圖表 1-12】日本產業的 IoT 市場規模（Sogo Planning Inc. 調查；單位：百萬日圓）

# 1.4

# 人、數據、流程無所不連的 IoT

 **從萬物互聯的 IoT 期待走出與以往不同的模式**

　　我們從各種的媒體中都可以看到有關 IoT 的解釋，最直接的就是「Internet of things ＝事與物的網路」由字面上的翻譯來看，感覺好像非常執著於字面上所謂的「事與物」。這個字面翻譯的背後可能隱含了以下二種意義，一是「製造業大國的日本」這樣的形象、二是對製造業而言「IoT 是製造業的機會」這樣的解釋。在這種情況下，將「事與物」的概念推出來，就比較容易為人所知。

　　但是，這樣的字面翻譯意味著我們也接受製造業對 IoT 的高度期望，我們也深感製造業必須牢牢抓住這次 IoT 的機會。的確，包括汽車工業在內的日本製造業確實非常地關注 IoT。外國的製造業也因 IoT 再度受到關注，都是不可否認的事實。

　　但是，僅僅將各種的事與物互相串聯所能得到的好處，不外乎就是降低成本和提高效率，但是這樣的好處，對於一個完全以生產線現場作業為主的企業而言，實在是非常有限。那是因為 FA（Factory Automation，工廠自動化）在日本的製造業早已是行之有年了，日本也一直不斷地在提升自動化機器和設備的使用，期望朝向高度自動化的工廠。因此，對於較有實力及財力的大型製造企業，生產設備本來就已經進入相互連結的狀態。簡而言之，日本的製造業早已經實現了降低成本、提高效率和高難度作業的目標。

　　雖說透過工廠的自動化（FA）期待讓工廠達到最好的運作狀態，這是再重要不過的事了，但是絕對不是只侷限於降低成本和提高效率，如何創新、創造產品的新價值、提高競爭力才是困難之處。所以說，IoT 的本質不僅在於連結各樣的事與物，更重要的是還在於創新、創造新的價值。

現今許多人都只是將 IoT 視為降低成本、提高效率或是遠距監控的貢獻者。如果僅是這樣的目的，那商機就很難擴張、很難得到企業的支持與讚賞，也往往容易在新商機、新企業模式的建立之時，就不了了之嘎然而止。因此，有必要把 IoT 放在更宏觀的角度，朝向更大的市場規模和各種可能商機的角度重新審視。

美國的思科（Cisco Systems）可以說是全球推動 IoT 發展的先驅，思科就是由事與物與網路的連結、數據分析運算、再來如何靈活應用蒐集來的數據等角度來考量 IoT 的商機。有了這樣的視野角度後，再決定連接的數據和運算處理、以及運算處理中的人與人的連結、尚未構成連結的**人、事、物相互連結**就是思科對 IoT 的定義，我們將這個定義稱之為 IoE（Internet of Every thing，萬物互聯）。

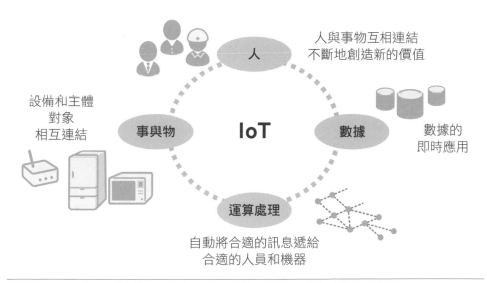

□【圖表 1-13】可以連結一切的事與物、數據、運算處理和人的連結就是 IoT

## 人世間還有太多尚未連結的事與物

走出 IT 的世界，再度環視這個現實的世界時，我們就會發覺，在這個現實世界還有許許多多的事與物沒有任何連結。例如，讀者們工作的辦公桌是否已連接到網路？直到最近，我們才看到附帶線路和網路終端機的辦公桌，但是在一般的辦公室裡的桌、椅大部分都沒有這樣的設備。

或者，當您必須到一處從未去過的綜合大樓裡的租賃會議室時，您可以第一時間就很順利地找到該會議室嗎？通常即使求助於智慧型手機的 Google Map，也只能獲得所在地的平面圖（儘管最近也能顯示地下的圖面）。要能毫不猶豫地從地下鐵的車站到達會議室的大樓，再熟門熟路地往租賃的會議事移動，實在不是一件簡單的事。因為由地下鐵車站的剪票出口到會議室之間，就可能存在著各種物理邊界和物理上的封閉空間。而路線指示圖通常也只是使用面板和紙張的模擬形式提供，實在很難光由路線指示圖就能順利抵達會議室。如果有一種類似汽車導航這樣的應用程式，而且是由行人的角度，明確引導行人由地下鐵車站到目的地的話，不是很好嗎？

由這樣的例子來看，這個世界是不是還充滿著許許多多尚未連結的事與物。如果您環視您的周遭環境，可能您會發現諸如衣服、家電、建築物和設備等都還沒連結。在這一點上，您可能並不覺得有什麼不滿意。但是如果有一天，這些機器設備都能連線了，您一定會覺得更舒適，更智慧化。這就是 IoT 的重點。

 ## 如果只拘泥於事與物的連結，IoT 的規模就很難擴展

IT 企業經常會採用比較大範圍的 TAM（Total Addressable Market，整體潛在市場），說不定就是覺得應該對 IoT 要有更廣義的解釋。但是，要有更廣義的解釋，就必須重新去挖掘更多 IoT 的可能性。

如果只是拘泥於只連接事與物，即使規模很大，也不會得到與投資相對等的回報。這是因為每單位的事與物所能收取的費用都太小了。這樣一來，就會僅限於少數幾個高投資、高報酬的大型平台才會有意願投入。

因此，IoT 不僅是事與物的連結，還必須建立一套機制和分析方法，將蒐集來的數據加以分析和應用。除此之外最重要的是，還要有一套能夠將這些分析後的資料再度反映回饋到作業現場和我們日常生活的環境加以利用。因為有了這樣的優點，產品與附加價值的組合，對於消費者而言，才願意支付更高的費用（單位費用再加上附加利益價值）。

正如筆者在前面的章節多次提及，筆者認為到目前為止，IoT 的話題都太過於偏重事與物的連結，尤其是日本。從本質上講，對於所有相關的商機，應該有一套方法可以展開相互的連結。以這樣的想法為基礎的話，再加上計費和整體的生態產業鏈，毫無疑問商機肯定會擴大。我們必須擺脫狹隘的視野角度，為了捕捉更多的可能性和解決更多的議題，一定要有更廣闊的視野。

除此之外，還可以專注在許多尚未連結的領域，思考各種 IoT 可能應用的技術，重新審視各種業務商機。在一些還未形成連結的各種商業邊境，在整體的業務／組織／企業文化／經濟問題上應該都潛伏者各樣的課題。為了解決這個課題，就非常適用「連結＝IoT」的想法來逐步消除這些互連的邊界問題。具體來說，網路和數據的連結、應用程式之間的互相串連、應用程式的自動連結等應該都在逐步形成當中。所以，將來就有可能可以利用 GPS 和 Wi-Fi 的位置訊息來執行前面所談的無邊界的路線導引。這樣才可能促使業務商機的推展和組織的問題改善。

基於上述的討論，現今還有哪些較為具體且應該連結的邊界呢？筆者認為應該包含以下各項：

- 內與外之間
- 廣告和內容之間
- 老闆和下屬之間
- 產業與其他產業之間
- IT 公司和運營業者之間
- 消費者與企業之間
- 真實和虛擬之間
- 男與女與 LGBT 之間
- 人與機器人之間
- 硬體和軟體之間

除了這些項目以外，以下三個邊界問題在不久的將來也會變得更加嚴峻。IoT 就有解決此類社會問題的潛力。

● 城鄉之間　　　　● 貧富之間　　　　● 老年人與年輕人之間

## 不限於事與物相連的實際建置案例

以農業技術而言，如果想要朝向 IoT 的領域，與講求提高生產力的製造業的導入方式是截然不同的。因為農作物的產量如果過高，就會造成市場價格的崩跌。還必須要隨時掌握零售店頭市場的消費趨勢和銷售狀況，並建立一套讓市場價格可以保持一定的生產系統。此外運輸過程中農產品的新鮮度對店頭的市場價格也有絕對的影響。因此，在配送的過程中，有必要透過 IoT 的溫度控管等保持商品的新鮮。近年來這樣的需求也是不斷的增加。

透過 IoT 進行商品的新鮮度管理、溫度控制和運輸狀態管理
已成為每個分配路徑中必不可或缺的管理項目。

【圖表 1-14】物流配送的互聯管理

另一個具體的案例，筆者可以介紹一下風力發電設備機組的設備監控。風機的震動感測器一般是安裝在風機設備約 30 m 高度的葉片發動機的部件上，隨時對於風機的振動狀態進行監控。如果偵測到與設計時的振動標準不符時，就可以合理懷疑可能發生故障了，根據這樣的事實推論，再由傳送出來的大量數據進行模擬比對，執行風機狀態的自動化判斷。判斷的結果也會透過應用程式傳達給維護人員。維護人員就會趕到現場並根據故障可能發生的預測日期、狀況和作業指示進行維護。

在維護人員進行維護期間所發生的發電量下降，這時，則必須聯絡相關的

電力公司、地方政府和有關的營運單位，維護期間所發生的費用計算，在購電資料上也必須反映這段維護的停機時間。也就是說，將來自現場風機設備送出來的數據進行分析，然後傳送給價值產業鏈中的相關組織，這些組織再將這些資料傳送給客戶，最終就可以反映在計費模式之中。

像這樣，一個事物的數據除了可以和組織人員連結之外，和其他系統、資料等的連結也變得非常重要。透過連結到目前尚未串連的所有相關的事與物，就可以創造有價值的價值鏈。

□【圖表 1-15】風力發電的風機設備監控案例

不是單純只關注一個業務的內容，例如只關注某個特定的工廠或是只關注某個農場的產物這樣一個單項的產業領域，重要的是要專注於可以將所有相關的事與物連接起來才是重點。如此一來，各種事物之間的邊界應該就會逐漸消除。能解決各項事物間邊界問題也就是 IoT 了，所以最好先由各種邊界著手，並好好地思考那些邊界中隱藏的課題。

在本書中，我們將介紹實現 IoT 的各種技術，但是實際上，技術上的困難會愈來愈少。為了實現 IoT，不僅要發現課題，著眼於尋找解決方案和建立一個規模形態也會變得很重要。

接下來，我們將透過連接的模式來說明對 IoT 的真正期待與願景。

# 1.5

# IoT 的本質即是數據的數位化與實體的結合

##  IoT 都能做些什麼？

就像其他任何的業務一樣，希望選擇使用 IoT 當然也需要有目的。產業的供應商可能會說「我想做 IoT」，但是如果不能明確地回答「想用 IoT 實現什麼」，就不能說對 IoT 有多少了解。但是，在現今這個時點上，有一個不爭的事實就是，想選擇使用 IoT 並且很明確的知道使用 IoT 目的的企業組織實在太少了。

特別是在日本，這種趨勢非常明顯。筆者也深深察覺，有很多企業都在沒有目的意識的情況下就立即成立執行 IoT 的相關項目、或是成立 IoT 的相關部門。在這種情況下所成立的組織單位，筆者從未見過能有順利成功的。

❏【圖表 1-16】重點是目的，是「運用 IoT 可以做什麼？」

##  IIoT 的願景就是數位分身

每家企業希望藉由 IoT 的應用，期待所能達到的目的和目標各有不同。但是，在考量這些目的時，應該要先清楚希望達到這些目的的本質以及所能帶來的效果。如果可以非常清楚了解這些要點，那麼筆者就能肯定，企業選擇使用 IoT 是必然的也是明確的。 因此在這裡，筆者就非常希望如果考慮選用 IoT 的話，一定要先了解「選用 IoT 的想法和希望達到的願景」。

所謂期盼達到的遠景，最容易了解的模式可能就是所謂的**數位分身**。數位分身就像實體和虛擬這樣的孿生兄弟，沒有任何邊界可以放在一起思考。從消除邊界的意義上來說，也可以說是**虛實整合**。

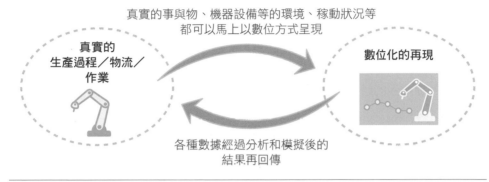

真實的事與物、機器設備等的環境、稼動狀況等
都可以馬上以數位方式呈現

真實的
生產過程／物流／
作業

數位化的再現

各種數據經過分析和模擬後的
結果再回傳

❏【圖表 1-17】IoT 的願景就是數位分身（Digital Twin）

　　所謂「數位分身」，具體而言，就是將來自實體環境的各種數據帶入數位空間，就是將實體空間中存在的設備、機器人、機械、人員等的所有操作、狀態、環境等轉換為數據。然後，以一種易於理解的方式對數據進行動畫處理，並在數位空間也就是在電腦上安裝可以進行模擬的應用程式。

 **模擬現實狀況後進而制定策略的「數位分身」**

　　現實世界中時間是不斷地在流動，擔負關鍵任務的系統和作業現場都是不允許中斷停止的。但是，一旦在數位空間中建置了數據和應用程式，就可以利用這些數據追溯時間序列並且預測未來，不受時間序列的約束，應用這樣的假設場景進行模擬。

　　同樣的，如果時間空間可以進行模擬的話，那麼就可以模擬任何緊急狀況時的解決方案、技術上的替代手段、延遲交貨時的應變以及與廠商之間的關係與替代方案，並且可以提前在作業現場立即給予指令。另外還有一種優點，就是可以把未來可能發生的情況，應用多種模擬的場景進行討論。這種模擬環境的技術，將大大地改變現實世界，使其比以往任何時候都更具有可預測性。最

重要的是，從管理階層的角度來看，對於有著多種不可預測的現代商業環境而言，可以預測未來、模擬多種的事業場景、考量各種決策，絕對是一種非常有效的經營手法。

數位分身的優點，可以概括總結為以下三項：

● 可以將時間序列回溯到過去，進行原因和因果關係的分析。
● 可以將時間序列延伸到未來，預測未來可能發生的事件
● 根據各種場景的模擬，對已經發生的事件進行決策考量

透過實體空間的各種狀態，在數位的空間中進行模擬，理論上來說，兩個空間完全可以融合為一個空間。數位分身主要也是在實現這種融合狀態。而且，在現今這個變化迅速的商業環境中，還有可以提供多個模擬未來方案的莫大優勢。

數位分身得以實現由實體到數位的模擬以及數據的讀取，無疑就是仰賴IoT。藉由機器設備上配置的各種感測器，偵測機器設備的稼動狀況、作業人員的動作和所掌握的知識、業務活動等，利用這樣的手段來蒐集相關的數據或是提供相關的服務。

所以說「IoT 就是一種手段，而非目的」這樣的說法如果把數位分身當作IoT 應用的前提，那麼原因理由就非常明確了。

 ## 模擬數據的不足會是個問題

如果要說數位分身有何缺點，那就是一家企業的設備、人員、交易、服務等的數據就僅是自家單一企業所管理的設備、人員、交易和服務等數據，無法充分提高模擬的準確度。實際上，不僅是自家企業的數據，甚至於的合作的企業、委外公司，對於製造業而言，還可以包括出貨後的銷售通路數據、客戶使用時的稼動狀況等數據。如果不能將這些數據也上傳到數位空間進行模擬的話，準確度是不會提高的。

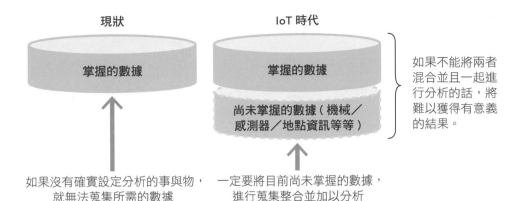

現狀　　　　　　　　　IoT 時代

掌握的數據　　　　　　　掌握的數據

尚未掌握的數據（機械／
感測器／地點資訊等等）

如果不能將兩者
混合並且一起進
行分析的話，將
難以獲得有意義
的結果。

如果沒有確實設定分析的事與物，　一定要將目前尚未掌握的數據，
就無法蒐集所需的數據　　　　　　進行蒐集整合並加以分析

❑【圖表 1-18】不僅限於自家公司的數據，還必須蒐集周遭所有的數據

再者不是只有和業務相關的數據才是必要的，諸如銷售販賣時的環境相關數據也是必要數據。這其中當然還包括天氣和溫度等有關數據，以及振動、噪音、電磁波干擾和二氧化碳濃度等數據。

如果上述的數據不能取得的的話，則視情況，也可以嘗試由其他公司購得，如此才能實現高度精確的模擬。也可以透過和其他公司共享數據的方式，這樣一來還可能形成一個更大的夥伴生態系統（Ecosystem）。

如果可以愈早開始使用 IoT，累積數據，也就愈有機會可以與正在考慮建置大型數字身分的企業配合。除了可以出售數據之外，還有可能可以組成一個企業聯盟，互通連結所取得的數據。接下來的第 4 章和第 5 章我們會介紹，有關現在已經慢慢在形成的數據相關的消費市場，這將來肯定又是一個大型的企業領域。

筆者在此非常鼓勵企業透過公開方式而且安全的連結方式，與企業上下游等的合作公司互通數據，藉以提高模擬的準確度，而不是存有防備、擔心數據遭其他公司竊取的狹隘想法。如此，整個社會也才能從進步的科技中獲得更多好處。

# 朝向數據應用的商業模式

在這個數位科技如此進步的現在社會，應該存在許許多多的數據，但是在日常作業當中，我們可能沒有察覺，也可能早已丟棄。或者，即使蒐集了許多數據，也幾乎沒有好好地拿來應用。的確，筆者審視自己，自己也沒有謹守遵循數據的模擬可能過日子。數據所顯示的指令方向也不盡然是日常作業應當遵循的指令。

如果可以更廣泛地利用數據並且提高模擬的準確度，那麼企業就比較不會面臨經營失敗的窘境，因為可以根據數據的分析模擬，提早知道未來的經濟動能。除此之外最重要的還是，我們絕對可以因此改善我們的生活品質。如果從現在開始，藉由感測設備等的建置，將目前還無法掌握的數據數位化和可視化，結合已經掌握的數據，一定可以獲得新的預測方向。

在 IoT 的時代，毫無疑問，目標就是蒐集愈來愈多的數據、形成數位分身，執行較高準確度的模擬，然後可以完全應用在日常的工作和生活的現實環境之中。這樣的樣態，在本質上是可行的。這點非常重要，因為有了這樣的想法之後，再來就是討論 IoT 商機和 IoT 系統的建置。

# 第 2 章

# IoT 的組成架構

# 2.1

# IoT 系統的整體概括及構成要素

 **M2M 與 IoT 的不同**

在建置 IoT 之前，必須要先導入一個由各種元素所組成，也是統稱為「IoT 系統」的環境。在本章中，我們會解釋何謂 IoT 系統，也會分別就 IoT 的組成架構、所需的技術、架構中每一層的主要功能以及特定的解決方案等加以介紹。

其實，IoT 系統和 **M2M** 非常相似，而 M2M 早在 2000 年左右就已經被開發和使用，也實現了一些預期目標。所以我們可以先比較一下，M2M 和 IoT 有何不同？ M2M 的應用，在日本最具代表性的當屬製造業中的小松製作所，小松製作所所開發的 KOMTRAX 就是用來連結機械與機械之間的 M2M。而目前深為眾人所期待的 IoT 和先行導入的 M2M 到底和有何不同呢？總結來說，IoT 不同與 M2M 的地方，我們可以歸納為以下五點。

① 不是由一個單一「系統」所完成
② 所取得的數據必須要再回饋給作業現場並進行管理
③ 自動處理、實景影像的數位化、顯示預測和建議最佳解決方案
④ 以第三個平台（行動裝置、雲端、社群媒體、大數據分析）為中心建置系統
⑤ 邊緣端（本地端）的智慧化與協調處理

與從前的 M2M 相比，IoT 是一個比較複雜系統所組成的模式。同時也會從各式各樣的外部資源蒐集數據並且在雲端上進行進階分析。此外，邊緣端（本地端）的設備還會搭載某些處理功能，可以與雲端進行連結，形成分散式的處理系統，以應付各種裝置設備和數據量的增加。

另外，也不會僅是單向的遠距監控或是數據的下載功能，也會將分析的結果即時回饋給作業現場的人員和邊緣運算這樣的模式。

除了上述的不同，IoT 和 M2M 最大的不同點，也正如第一章所提及的內

容，IoT可以將2007年左右登場，2010年左右開始迅速普及的「行動裝置」、「雲端」、「社群媒體」、「大數據分析」等尖端技術不斷地重組重建。這些都促使IoT的建置變得又便宜又快速。

所以，在此在我們可以重新將IoT系統的定義總結如下。

① 透過萬物互連的連結進行數據的蒐集
② 將蒐集分析的數據，合併更多的數據再進行分析
③ 透過大數據分析獲得新的建議和預測模式
④ 將大數據分析的結果回饋給作業現場的人員和設備，執行適當優化處理
⑤ 建置一個可以提供分析後再回饋結果和方案的新業務模式

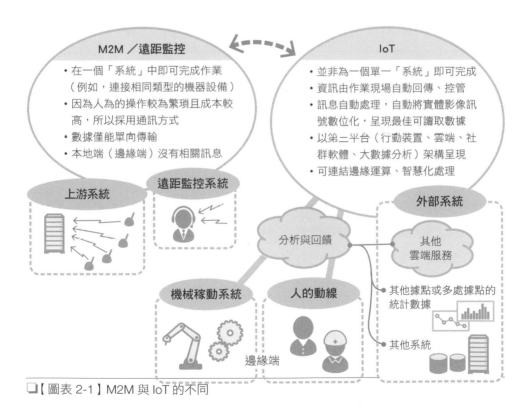

**M2M／遠距監控**
- 在一個「系統」中即可完成作業（例如，連接相同類型的機器設備）
- 因為人為的操作較為繁瑣且成本較高，所以採用通訊方式
- 數據僅能單向傳輸
- 本地端（邊緣端）沒有相關訊息

**IoT**
- 並非為一個單一「系統」即可完成
- 資訊由作業現場自動回傳、控管
- 訊息自動處理，自動將實體影像訊號數位化，呈現最佳可讀取數據
- 以第二平台（行動裝置、雲端、社群軟體、大數據分析）架構呈現
- 可連結邊緣運算、智慧化處理

上游系統　遠距監控系統　外部系統

分析與回饋　其他雲端服務

機械稼動系統　人的動線　其他據點或多處據點的統計數據

邊緣端　其他系統

❏【圖表 2-1】M2M 與 IoT 的不同

## 如何利用現有的電腦運算環境建置 IoT

接下來，我們要討論的是傳統組織內部的核心系統建置與 IoT 系統建置之間的主要區別。【圖表 2-2】是兩者之間比較典型的差異圖。從圖中可以看出一個重點就是，IoT 系統和一般現行的開發系統的思考模式可以說是完全不同。

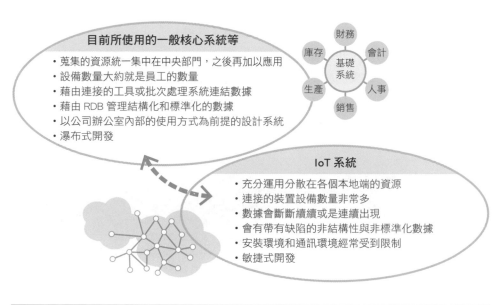

**目前所使用的一般核心系統等**
- 蒐集的資源統一集中在中央部門，之後再加以應用
- 設備數量大約就是員工的數量
- 藉由連接的工具或批次處理系統連結數據
- 藉由 RDB 管理結構化和標準化的數據
- 以公司辦公室內部的使用方式為前提的設計系統
- 瀑布式開發

財務 會計 人事 銷售 生產 庫存 基礎系統

**IoT 系統**
- 充分運用分散在各個本地端的資源
- 連接的裝置設備數量非常多
- 數據會斷斷續續或是連續出現
- 會有帶有缺陷的非結構性與非標準化數據
- 安裝環境和通訊環境經常受到限制
- 敏捷式開發

❑【圖表 2-2】現有的一般核心系統與 IoT 系統比較

現行的核心系統是一種**客戶端＝伺服器類型系統**的模式，也就是將蒐集來的資源盡可能地集中在諸如電腦室或是資料中心的中央部門，使用端再利用個人的電腦裝置針對個人的業務內容連接到個別的業務系統執行作業。當然，最近伺服器也慢慢雲端化，電腦所需的應用程式也變得 SaaS [1] 化，但是這樣的變化都是事先就能掌握也可以預測。

在這樣的電腦環境中，連接到網路的裝置設備（例如個人電腦）數量，頂多就是員工的數量。至於行動裝置的數量也差不多一樣。

---

1 SaaS（Software as a Service，軟體即服務）使用者可透過網際網路直接連接到雲端並且可以直接下載使用雲端的應用程式。是一種透過網路方式提供的軟體。

對於核心系統的資料處理，可以利用數據的連接工具連結系統，或者利用批次處理系統在夜間作一次傳輸處理。所處理的資料類型大多數都是可以存儲在已經結構化、標準化和規範化的關聯式資料庫（Relational Database，RDB）的表結構（Table Structure）之中的資料。

而且建置或使用這些系統的物理環境，通常都會以較易於操作的使用環境為前提，例如資料中心或企業的辦公室。

大多數核心系統，由需求定義、設計、開發到測試的一系列過程，通常都是透過瀑布式開發的方法來實現，而且由設計、安裝到穩定運轉通常需要花費一段時間和技術。近來一些公司已經開始引入敏捷式開發，但是瀑布式開發仍然是主流。確立需求之後、設計和開發階段都會持續一段很長的時間，用戶只能被迫等待直到開發完成。

##  大量的裝置設備交互連結並可同時處理各式分散訊息的 IoT 系統

相較於現有的核心系統，IoT 系統的建置則幾乎是完全相反的模式。

IoT 系統理論上都是藉由安裝的應用程式連結到雲端、當然還有各種的伺服器進行處理，但是現在也可以利用 IoT 閘道器（Gateway）的邊緣端設備，驅動應用程式，將電腦資料分散到本地端（Local）來處理。此外還會採取分散式運算處理，將大量的運算分散到各個感測設備，就是一個很大的不同點。

連接到網路的裝置設備也會遠遠超過員工的數量。由於許多小型的感測器和 Gateway 都是安裝在裝置設備和辦公環境之中，因此安裝的設備數量絕對是非常的多數。並且為了提高數據的準確度、擴大 IoT 的覆蓋範圍，單位數量一定還會持續增加。

另外，從數據特性來看，蒐集的數據可能是斷斷續續的，也可能是一次就有大量的裝置設備傳來非常巨量的數據。

特別是，來自行動裝置環境和作業工廠的數據，往往比較嘈雜或是有數據包丟失的狀況，所以大多是一些沒有經過結構化、標準化或是規則化的數據。這個現象也與現有的系統大不相同。另一個事實是，因為這些數據特性的差

異、的確讓開發人員非常苦惱。

## IoT 系統就是需要敏捷式開發

在 IoT 系統中，安裝感測器設備的邊緣端環境，可能是粉塵飛揚的作業現場、也可能是電磁波噪音很大的作業工廠或是需要防滴水的室外環境。換句話說，建置環境處於類似這種惡劣的溫濕度和不良的通訊狀態等的干擾環境狀況，應該也不在少數。

此外，由於所取得處理的數據都是非結構性和非標準化的數據，所以使用戶只有在使用應用程式查看數據時，才會知道如何處理、接下來該做些什麼。因此，可以從取得數據的 PoC（Proof of Concept，概念性驗證）開始，一面進行數據的應用一面探索新的方式，慢慢進行修正調整。也就是一種邊做邊調整，無論是取得的數據、分析方法和應用程式，都朝向最優化的開發方式就稱之為敏捷（agile）開發方法。這種方法和傳統的開發思維完全不一樣，也是 IoT 系統開發的特徵。

## 多層次的架構連結構成了 IoT 系統

在 IoT 系統的建置架構上，通常會採用多層次架構，將多層技術逐層結合。【圖表 2-3】就是顯示這樣的層次模式，筆者也會在這 8 個層次上分別進行定義。

讓我們從最下層開始。第 1 層是不具有智慧的**物理性質對象層**，例如工廠的機械設備和零組件等。在這裡就可以安裝感測器等用來蒐集數據。有時候也可能搭載一些微型電腦，但是這些大多數不具有處理訊息的能力。即使搭載了這些微型電腦，也僅能執行一些非常有限的例行處理。

第 2 層是連接第 1 層設備的**中心網路層**。位於上方的第 3 層的**邊緣運算層**負責邊緣的運算處理。與雲端連結負責處理訊息的邊緣端的運算終端、IoT Gateway 之類的層（邊緣運算在第二章的 2.5 中會進行說明）。

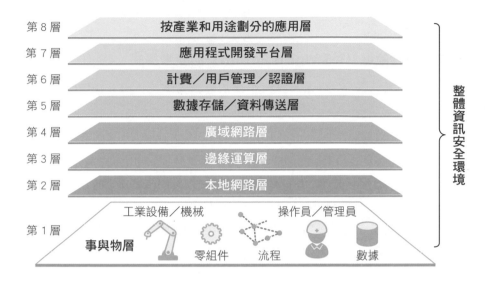

第 8 層　　按產業和用途劃分的應用層

第 7 層　　應用程式開發平台層

第 6 層　　計費／用戶管理／認證層

第 5 層　　數據存儲／資料傳送層

第 4 層　　廣域網路層

第 3 層　　邊緣運算層

第 2 層　　本地網路層

第 1 層　　事與物層　工業設備／機械　操作員／管理員

零組件　流程　數據

整體資訊安全環境

❏【圖表 2-3】IoT 的多層次模式架構

　　到目前為止，本地端在許多 IoT 環境中，出於安全的理由，會與網路做出隔離。所以連接到第 4 層**廣域網路層**時，必須通過某些安全 Security Gateway 或防火牆。

　　第 5 層以上的結構則是**伺服器端或是雲端**。第 5 層是數據存儲和資料傳輸層，第 6 層是應用程式層，執行 PaaS [2]，計費、身分驗證和文件格式轉換的**計費／用戶管理／認證層**。第 7 層是**開發平台層**，開發中間層的執行應用程式。

　　最上面的第 8 層是 IoT **應用程式和服務層**。各種產業別的應用程式 SaaS、各種產業別的數據服務、委外，大數據分析，各種產業別的分析服務以及其他的數據處理和應用程式部署層。

　　根據最終目的，再以多重的組合方式結合圖表中各層的技術，建構一個整體優化的 IoT 系統。

---

2　平台即服務（Platform as a Service, PaaS），是透過網際網路提供軟體的執行、開發、交換的一種運算平台服務。

## 物聯網世界論壇（IoT World Forum）的參考模式

領先世界首先提倡 IoT 而且每年都會舉辦物聯網世界論壇（IoT World Forum）的 Cisco Systems 也曾為 IoT 的模式發表以下的定義。

【圖表 2-4】稱之為 Internet of Things Reference Model（物聯網參考模式），是物聯網世界論壇採用的標準架構，將實施 IoT 系統所需的技術組成分為 7 層。

在上圖的 8 層模式中，中心網路和廣域網路分別屬於單獨的一層，但是在 IoT World Forum 的模式中，這 2 個被合併到通訊（Connectivity）的連接層中。此外 8 層模式的運算功能是根據安裝位置分散在各個不同的層，但 IoT World Forum 模式，則是根據平台層內的數據將進行的不同處理，再細分在不同的層。

Collaboration & Processes（協作與流程）
人員和業務流程

Application（應用程式）
報告、分析、控制

Data Abstraction（數據的抽象化）
匯總和存取

Data Accumulation（數據的存儲）
存儲

Edge Computing（邊緣運算）
執行終端機附近數據的分析和運算

Connectivity（通訊）
網際網路及網路連接環境

Physical Devices & Controllers（物理性的裝置設備和控制器）
物理性的設備或裝置

□【圖表 2-4】IoT World Forum 定義的多層架構圖

# 2.2

# IoT 平台的重要性

 **IoT的建置與平台的必要性**

如第一章所述，IoT 通常是採用「雲端」、「行動裝置」、「社群媒體」、「大數據分析」這些已經模組化的式技術進行建置，特別是「雲端」那絕對是最不可或缺的技術。無論如何這些技術都以飛快的速度不斷地進步，因應這些技術的進步，系統也應該不斷地重新組合以尋求最佳狀態。

在這種情況下，建置 IoT 時，如何利用多種功能組合成一個技術模式的 IoT 平台就顯得非常重要。如果我們在建置 IoT 系統時，半台所需的每一個技術都希望從零開始去設計的話，對建置者而言，就無法從市場上這些現成而且技術強大、可以立即快速架構起 IoT 系統的雲端和行動裝置等從中受益了。

因此，最近就出現了一種套裝的解決方案，內容主要包含了我們在 2.1 提到的有關 IoT 架構層中必要的各種功能，例如：通訊、應用程式的開發、計費、用戶認證、資訊安全、數據的存取、物流等。這樣的套裝解決方案，的確可以幫助我們更快速的建置 IoT 系統。這種事先組合成一個套裝系統的解決方案也是一個 IoT 平台。

 **IoT 平台可提供各種功能**

簡而言之，所謂 IoT 平台，根據所提供的功能大致可分為以下 6 種類型。在這裡特要注意的是，所謂的平台在什麼層、執行什麼功能會因人和營運業者的定義而不同。

① 提供應用程式開發環境的功能

依照業務用途和目的的不同，會提供不同的應用程式庫（Library）和 SDK（Software Development Kit，軟體開發套件）、APaaS（Application PaaS，應

用程式平台即服務)等。有時也可能會有各種行業或是各種職務的範例功能。

② 計費／認證／用戶管理的功能

利用裝置設備在各種雲端上使用各種訊息服務時，勢必會產生計費的問題、用戶和設備登入時的身分驗證等功能。

③ 提供數據存儲、數據下載和數據連接的功能

這是一個存儲來自裝置設備和感測器的大量數據的地方。不僅提供數據的重整和補充功能，還可以提供第三者下載數據和進行數據連接的 API（Application Programming Interface，應用程式介面）功能。

④ 提供裝置設備與雲端之間安全通訊的功能

當從封閉環境的雲端連接到裝置設備端（本地端）時，通常都是使用開放式的網路，因此需要確保連接上的資訊安全。近年來，不斷地有許多與資訊安全相關、裝置設備被駭的報導，所以裝置設備與雲端之間的通訊安全已成為最重要的課題。這樣的通訊安全的功能也能透平台提供。

⑤ 提供裝置設備相關的管理功能

隨著裝置設備數量的增加，到底有多少台裝置設備在何處運轉、每個人的權限為何、裝置設備的運轉能力如何、該如何管理等都是與管理相關非常重要的項目。這裡就提供此類與設備管理相關的功能。

⑥ 可以使用裝置設備連結雲端同步作業的功能

這個功能就是最近非常引人注目而且我們也將在第二章的 2.5 說明的邊緣運算。過去只能在雲端執行的各種程式，現在距離裝置設備較近的區域也可以先進行部分的程式運算。這樣的功能實現了類似雲端的處理功能，而且還具備經過學習後的人工智慧的判斷功能。

　　大略畫分了這麼多個功能平台，或許還是很難有個完整的概念。因此，為了使讀者更容易了解，以下我們會介紹幾個網路供應商所提供的具體平台，當中也會包含平台的應用程式和結構圖。

 ## IoT 的應用程式平台

美國 PTC 公司提供一個名為 ThingWorx 的平台，主要是提供應用程式開

發的樣本和工具套件。內容有很豐富的應用程式模組和圖形模組，是一個可以透過拖曳方式來製作應用程式的平台。

　　由於 PTC 公司是一家 3D CAD ／ PLM 的供應商，擁有建置數位分身的技術強項的優勢，例如可以將智慧城市的基礎設備、製造業的生產線等與 3D CAD 進行連結等技術。

❏【圖表 2-5】ThingWorx 的畫面示意圖

　　日本也有網路平台供應商 WingArc1st 公司推出 Motion Board 的功能平台。還有推展智慧工廠的日本 IVI 所使用的參考應用程式（Reference Application）。像這樣都是目前市面上非常受歡迎，而且輕輕鬆鬆就能很快上手的各式各樣應用程式儀表板。

## 資訊安全相關的 IoT 平台

　　就資訊安全的平台而言，日本 SORACOM 公司（日文：株式会社ソラコム）就推出了一款搭載 AWS（Amazon Web Services，亞馬遜網路服務）的 IoT 平台，內容含括了雲端通訊的基本功能、資訊安全、身分驗證等功能。SORACOM 公

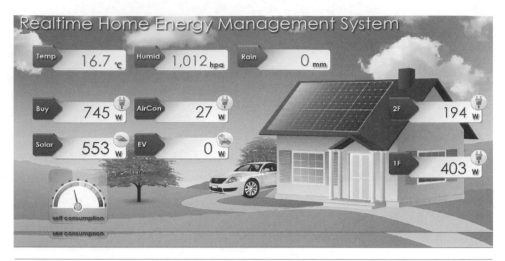

❏【圖表 2-6】使用 Motion Board 設計而成的應用程式儀表板示意圖

司推出這種解決方案，每個月只要 300 日圓的超低月費，非常容易入手，在筆者撰寫本書的時點，日本國內企業用戶大約已經達到 7,000 家。除此之外，歐美國家也已經開始推出像這樣的服務，這樣的資訊安全服務從推出以來，在短短的一年半的時間之內就已經擴展到世界各地。

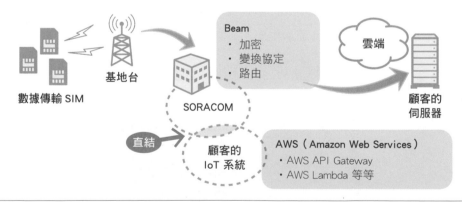

❏【圖表 2-7】SORACOM 的解決方案架構

　　SORACOM 的平台服務之所以廣受讚譽的原因是，資訊安全這樣的功能，在從前只有收費昂貴的電信營運商才能提供，而 SORACOM 卻運用了 AWS 的雲端環境，用很低廉的價格就能執行這樣的功能。這項被稱為 Telco Cloud 的

技術，事實上 Nokia 和 Ericsson 也在專用 ASIC[3] 上搭載了類似的通訊軟體並且包裝成高價的專用硬體設備進行出售。而 SORACOM 則認為資訊安全應該是要被廣為使用的功能，所以除了實體的線路之外，其他都是利用豐富的 AWS 資源和 API（Application Programming Interface，應用程式介面）在雲端上進行安裝。SORACOM 的確也擁有一支非常熟悉這個領域技術的優秀工程師團隊，其中還包括前 AWS 的首席布道師（Top Evangelist），這個平台的推出也真的非常令人驚奇。

筆者執筆的時點，SORACOM 所提供的通訊平台服務如下。

❑【圖表 2-8】SORACOM 的功能圖表

 ## 數據互聯的 IoT 平台

所謂的數據連接平台，在日本有 Saison Information Systems（日文：株式会社 セゾン情報システムズ）推出的海度（HULFT IoT）。主要是在日本的金融業界使用，是一種非常安全的文件傳輸軟體。為了可以在 IoT 環境中使用，現

---

3　Application Specific Integrated Circuit 的縮寫。是一種特定用途的積體電路。

已改製成小型的海度（HULFT）。

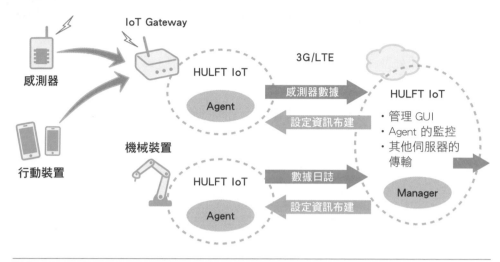

❏【圖表 2-9】HULFT IoT 的典型配置圖

在 IoT 中，即使數據是從本地端傳送出來，通常雲端也無法確實回覆是否已經接收到所傳輸的數據。所以，在這當中 HULFT IoT 就提供了一個附加功能，就是會在接收到傳輸數據之後，會再回傳一個確定的訊息到 IoT 平台，而且可以保證這些經過本地端處理過後的小型、可靠的數據文件可以確實進行傳輸。

❏【圖表 2-10】海度 (HULFT) IoT 具有強大的任務關鍵性，甚至可以確認檔案是否更新

筆者任職公司的 Uhuru Design（日文：株式会社ウフル）也推出了一款稱之為 enebular 的 IoT 數據編排服務，針對來自各種數據發送器所傳來的數據，提供即時連接的編排服務。在 enebular 平台環境中，首先會對雲端上的數據流進行編排，這樣一來邊緣端設備所搭載的雲端、IoT Gateway、PC 等，無論在何處都可以提供一個整齊、平均分佈的 IoT 環境。此外透過了與英國安謀( ARM Holdings plc. ) 的合作，也落實了裝置設備上充分安全使用資源的模式。

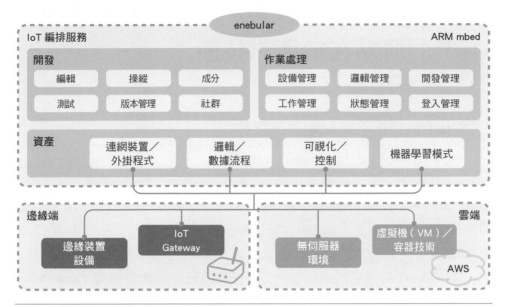

【圖表 2-11】具有 IoT 編排服務的 enebular 的主要功能

enebular 還有一個稱為 INFOMOTION 的繪圖功能，可以建置應用程式儀表板。 使用者可以使用稱為 INFOMOTION Type 的圖形模組庫，建置如以下圖表所示的即時互動式儀表板。

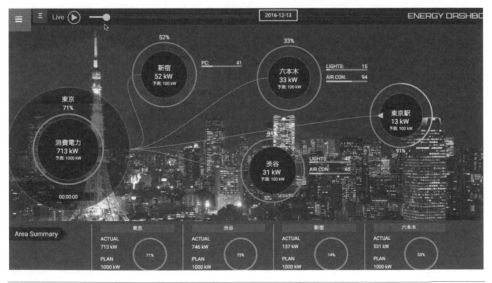

【圖表 2-12】enebular INFOMOTION 建置的儀表板示意圖

# 2.3

# IoT 的弱點在於通訊技術

 **IoT 的優化必須仰賴於通訊技術**

　　IoT 在裝置設備和 Gateway 之間一定是需要依賴邊緣端（本地端）的通訊。而且，邊緣端和雲端（伺服器）之間也一樣需要通訊環境。因此，特別像無線通訊這樣高成本的通訊方式就會成為一個問題。所以，最近市場上就出現了許多專門用於 IoT 的低速窄頻的通訊解決方案，而且也慢慢廣為實際的運用。

　　使用於 IoT 的通訊網路技術，有一種稱為低功耗廣域網路（Low Power Wide Area，LPWA）的技術，在 2016 年每個網路服務陣營也都剛剛發表了各自不同的通訊技術標準。事實上目前所使用的 3G 和 LTE 等無線通訊的行動電話，也並不是擅長使用 LPWA 的無線通訊技術。換句話說，因為低功耗，所以可以覆蓋較廣區域（一個基地台的距離）的傳輸距離。而且，因為 IoT 必須連接大量的裝置設備，因此通訊成本勢必是一項非常需要突破的課題，LPWA 就具備了可以解決問題的低成本特性。

　　LPWA 可以設定每次的傳輸量和每日的傳輸次數。而且，因為 LPWA 的傳輸速率是介於 100bps 至 10kbps，是屬於非常低速的超窄頻段，所以不能像 3G 或 LTE 那樣的使用方式，每個月的花費也僅需要數十萬到數百日圓的較低價格，是一種非常省電、覆蓋面積又大的技術。

　　在此同時，LTE 陣營也準備公布可以使用於 IoT 窄頻傳輸標準的最新 Release 13 版本。自從 3GPP 的標準化制定之後，LTE 的最大特徵就是將各種傳輸速度匯集並且可以重疊使用。目的是希望把其他的傳輸速度都可以集成到 LTE 網路中，而不用再單獨分離出來。這個部分，我們在這個章節的後面會再加以說明。

　　在這裡，我們先整理一下 LPWA 和 LTE 等無線通訊的標準以及經常使用的 Wi-Fi 的位置。以下的圖表就是針對各自的標準在傳輸速度和傳輸距離上的比較。同時也針對傳輸成本、感測器設備、連結節點的功耗以及網路安全等進行

比較。筆者認為在進行比較時，有一個全面性的概念應該比較好。

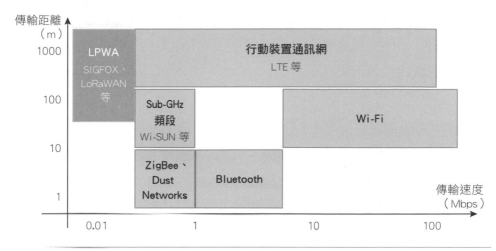

❑【圖表 2-13】LPWA 和其他無線通訊標準的定位

　　針對 IoT 的 LPWA，目前市面上已經出現了好幾個技術標準。例如 2015 年以 IC 設計廠陞特（SEMTECH）為主成立的 LoRa 聯盟（https://www.lora-alliance.org/）所推廣的 **LoRa**、法國的 Sigfox SA 所提供的 **Sigfox**（https://www.sigfox.com/en）、還有由現有 LTE 技術擴展的 **NB-IoT** 等都是比較典型的例子。以下我們就來看看每個技術標準的特徵。

 ## 日本積極發展的 LoRa / LoRaWAN

　　**LoRa** 是 LoRa Alliance（LoRa 聯盟）所推廣的無線通訊標準。使用 1 GHz 以下的 sub-GHz 頻率，在遮蔽物較少能見度高的環境中的傳輸距離可以高達約 10 km。因為覆蓋範圍非常廣，所以非常適合作為一種通訊標準。所使用的頻段也不需要電信運營商的授權。

　　傳輸速率包含標頭訊息大約為 300bps 至 10kbps，頻段全區都是採用訊號擴散的展頻調變技術（無線調變）。LoRa 還將終端裝置區分為 A、B、C 三類（Classes）。 Class A 類是屬於 LoRa 的基本通訊方式、用於感測設備和數據之間的傳輸，是一種雙向通訊的傳輸終端裝置，傳輸是由終端裝置送出 uplink 開始

進行。屬於低延遲的 Class B 類則是一種可以在終端機節點設定固定時間接收訊息。為了讓終端裝置在排程時間打開接受窗口，還必須要從 Gateway 接收一個用於時間同步的 Beacon。 Class C 類則是無延遲模式，終端設備幾乎是一直開啟的狀態，以便可以連續接收訊息，但是比較消耗電力，比較適合在終端設備沒有電池限制的狀況使用。

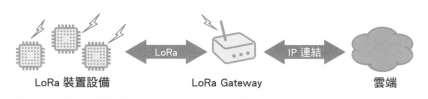

LoRa 裝置設備　　　　　　LoRa Gateway　　　　　　雲端

❏【圖表 2-14】LoRa 的基本結構圖

應用 LoRa 技術尋求連接的解決方案時必須有 **LoRaWAN**。也就是說，LoRaWAN 是以 LoRa 技術為基礎，使用開放的 MAC 協定（Media Access Control Protocol，媒體存取控制協定），Gateway 部分的 WAN 端可以連接到 LTE 等行動電話網路。不會在意網路線路的存在與否、也不會在意線路的佈局，是一種可以輕鬆安裝 LoRa Gateway 的解決方案。

關於 LoRaWAN，目前日本國內提供服務的有 SORACOM、Softbank 和 NTT Group 等電信營運商，並且還可以進行各種的實證實驗。2017 年 5 月由日本長野縣伊那市的 Inaai Net（伊那市有線廣播農業合作社）和 Uhuru 共同合作，進行 LoRaWAN Gateway 的安裝和無線電波的測試，當時測得距離長達 7.8 公里。在之後的測試中，還曾記錄了日本最長的無線電波長達到 9 公里。

❏【圖表 2-15】LoRaWAN Gateway

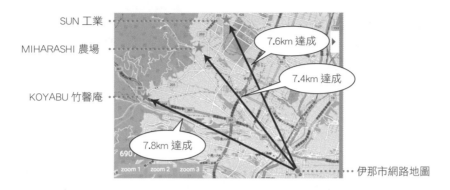

❏【圖表 2-16】伊那市的 LoRaWAN 電波可達距離測試結果

伊那市的市中心因為遮蔽物較多，據說 LoRaWAN 僅可達到數百公尺，最多也只有大約 2 公里，但是根據實際測試，在能見度較好的郊區，是可以達到約 10 公里。透過這樣的方式，可以預期 LoRaWAN 在鄉鎮和郊區的廣域 IoT 系統會比較順暢。

Summary

### LoRa /LoRaWAN 的特徵

● 使用 Sub-GHz 頻段，最大通訊距離可達約 10 公里
● 包含標頭訊息的傳輸速度約為 300bps ～ 10kbps
● 雙向傳輸模式、Beacon 模式、不存在遲延模式
● LoRaWAN 是藉由 LTE 等行動通訊網路，落實與 WAN 端連接的 LoRa 格式
● 使用免授權的頻段

 ## 超低成本讓 Sigfox 技術深具魅力

Sigfox 也是使用 Sub-GHz 頻段（866MHz頻段、915MHz 頻段、920MHz 頻段），擁有獨特的技術，服務地區主要以歐洲為主。最大傳輸速度約為 100bps，最大傳輸距離約為 50km，特點是比 LoRa 具有更長、更廣泛的傳輸距離。年費（不是月租費喔！）大約是 100 日圓，比起其他的通訊標準，簡直就是一個壓倒性的低價。Sigfox 也是一種具有低功耗特性的通訊標準，極低的電

力消耗特性可以讓一個裝置設備的電池持續使用 10 年之久,同時保證在全球各地都可以使用同一網路網域和設備。另外,所使用的頻段也不需要取得任何電信運營商的授權許可。

相對的,從終端到基地台的傳輸速度,上行為 100bps,下行是 600bps(截至 2017 年 8 月筆者執筆的時點,日本國內法律尚未許可),這是一種非常低速的傳輸速度。而且,從終端到基地台的傳輸次數,每天也被限制為 120 次、每次發送的數據資料也限制在 12bytes。

Sigfox 還有另一個特點就是不會干擾到其他頻段。透過載波頻率的隨機變化、相同的數據會傳送三次,如此一來就可以抑制來自其他通訊傳輸的干擾。然後,在執行這些操作時,還可以確保在 Sigfox 使用的整個頻段(200 kHz)上 5 毫秒內沒有其他的通訊傳輸。

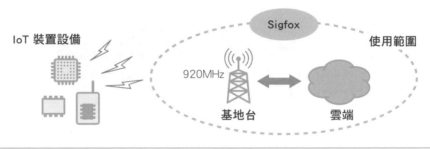

❑【圖表 2-17】Sigfox 結構圖

像這樣可以以極低的傳輸速度傳送低量的數據、還具有極低的電力消耗特性的 Sigfox,目前的使用狀態也朝向適合透過定期低量的數據傳輸和遠距監控的活動,例如水表、瓦斯表、電表等的自動測量記錄傳輸、停車場的狀況管理、氣象觀測等。

Sigfox 的經營政策是在一個國家/地區僅會授權一家網路營運商,在日本則是 KCCS(Kyocera Communication Systems,京瓷通訊系統)取得了 Sigfox 在日本的代理服務。根據近期的發表,在展開服務的早期階段,就結合了日本 40 個合作企業組成一個促進聯盟,希望可以藉此達到推廣普及的效果。

Summary

**Sigfox 的特徵**

- ● 最大傳輸速度約為 100bps、最大傳輸距離約為 50km
- ● 每天只能發送 120 次 12 bytes 的數據
- ● 設備可由電池供電,功耗低的特性電池足以維持 10 年的使用
- ● 主要用於自動測量記錄傳輸等的遠端遙控
- ● 使用不需要授權的頻段

 ## 延續 LTE 規格的 NB-IoT

NB-IoT(Narrow Band IoT,窄頻物聯網)是一種可以使用行動電話通訊的 LTE 標準,而且目標是朝向不需要高速傳輸的 IoT 規格。

【圖表 2-18】即是顯示 LTE 標準的各種版本,其中 NB-IoT 是屬於 Release 13、終端機類別的 Cat.NB1。

◢【圖表 2-18】LTE 的各種規格版本

|  | Release 8 | Release 8 | Release 13 | Release 13 |
|---|---|---|---|---|
| 終端機類別 | Cat.4 | Cat.1 | Cat.M1 | Cat.NB1 |
| 最大通訊速度(下行) | 150Mbps | 10Mbps | 0.8Mbps | 26kbps 以下 |
| 最大通訊速度(上行) | 50Mbps | 5Mbps | 0.8Mbps | 62kbps 以下 |
| 天線數 | 2 | 2 | 1 | 1 |
| 電磁波頻段 | 授權頻段 | 授權頻段 | 授權頻段 | 授權頻段 |
| 頻寬 | 20MHz | 20MHz | 1.4MHz | 180kHz |
| 行動設備支援 | 與現存的 LTE 相同 | 與現存的 LTE 相同 | 與現存的 LTE 相同 | 不支援換手(Handover) |
| 服務提供 | 可利用 | 可利用 | 未定 | 未定(2017 ～ 18 年?) |

頻寬也縮小到 180kHz,傳輸速度也被抑制為下行 26kbps 和上行 62kbps 的

低速。 NB-IoT 的設定本來就不是針對高速移動的事與物和裝置設備進行即時的傳輸，所以也不支援傳輸時換手切換不同的電信營運公司。

　　NB-IoT（Cat.NB1）是採用以 LTE 為基礎的授權頻段技術。這點與 LoRa 和 Sigfox 有很大的差異。

Summary

## NB-IoT 的特徵

● 屬於 LTE 通訊標準，適用 IoT 的優化升級版本
● 傳輸速度被抑制在下行 26kbps 和上行 62kbps 的低速
● 因為是 LTE 規格，所以是使用必須授權的頻段

　　最後，筆者將以上所介紹的三種 LPWA 服務列出【圖表 2-19】。但是，有一點請務必注意的是，在筆者撰寫本書的時點（2017 年 8 月）之後，可能還會有更多創新的技術出現，尤其是 NB-IoT 標準雖然是發布於 2016 年，但在撰寫本書時就聽說，預計 2017 年的下半年還計畫發行商用版本。

❑【圖表 2-19】LPWA 的 3 大陣營比較表（2017 年 8 月現在）

|  | LoRaWAN | Sigfox | NB- IoT |
|---|---|---|---|
| 最大通訊速度（下行） | 規格制訂中 | 規格可行，但日本國內法律上不許可 | 26kbps 以下 |
| 最大通訊速度（上行） | 每 4.4 秒 11Bytes | 12Bytes（120 次/1 日為止） | 62kbps 以下 |
| 使用頻段 | ISM Band（非授權頻段） | ISM Band（非授權頻段） | Licensed Band（授權頻段） |
| 頻段區間 | 100 ～ 500kHz | 100Hz | 180kHz |
| Mobility | 不支援 Handover | 不支援 Handover | 不支援 Handover |
| 服務提供 | 2017 年 2 月 7 日開始（SORACOM） | 2017 年 1 月開始（東京／大阪一帶部分地區） | 未定（2017～18 年？） |
| 服務的提供業者 | SORACOM、NTT 東西日本（檢討中）、Softbank（檢討中） | KCCS | 現有電信業者 |

**LPWA 相關的三個主要陣營之外的動向**

　　到目前為止，我們已經介紹了 LPWA 的三個主要陣營。隨著 IoT 的逐步落實，除上述的三個主要陣營之外，還出現了有別於 LPWA 通訊標準的通訊規格。例如，由美國 IC 設計公司 Ingenu 主導的 **RPMA**（Random Phase Multiple Access，隨機相位多重存取）、英國 Flexnet 公司的 **Sensus** 傳輸技術等等。

　　但是，由於這些都是不需要電信授權的通訊標準，所以不免會有以下的狀況發生，例如，如果有些公司到處任意建置許多基地台的話，就很容易產生相互的干擾。還有，在競爭比較激烈的區域，原來就建置了許多基地台的公司就會比較具有優勢。

　　目前，服務提供廠商之間似乎正在進行一些討論和磨合，但是筆者認為最好還是要避免技術和業務上的相互干擾和惡意競爭。

　　除此之外，2017 年 4 月日本 Sony 也發表了自己的 LPWA 技術，傳輸距離可達 10 至 100 公里的範圍，Sony 自己也宣稱該項技術「在沒有遮蔽物的高山上或海上絕對可以有 100 公里以上的長距離通訊，不但如此，即使在時速 100km 的高速移動中也可以進行穩定的通訊」。即便如此，在日本現階段仍然還處於技術開發的階段。在撰寫本書的時點，我們仍在尋找可以在日本國內進行實證試驗的合作企業。

　　正如上述的介紹，日本針對 IoT 的無線技術，尤其是 LPWA 的相關技術還不斷地推陳出新。IoT 也總是希望可以結合技術隨時推出最佳組合的服務，即便在建置系統的當時也認為絕對是購入了最適當的產品組合。所以重要的是在操作的過程中還是必須隨時注意技術與服務組合的更新。也就是說，我們還是必須隨時密切關注未來的技術創新。

**2**

IoT 的組成架構

# 2.4

# 各式標準林立的區域網路

 ## 各式各樣的區域網路標準

IoT 建置時，通常都是先鋪設一個本地的網際網路來連接整個工廠、物流倉庫、辦公室內等的機器設備和感測器。當然也可以像個人電腦（PC）一樣使用選用有線或無線網路。

有線網路目前已經非常普遍使用在辦公室內的辦公設備和工廠的 FA（Factory Automation，工廠自動化）設備，當然這些有線網路 IoT 也同樣可以使用，並不需要特別再另外分開裝配。然而，隨著所連接的裝置設備數量的增加，工廠內部的光纖網路的佈線成本（網路安裝費用）也成了一個很大的課題。曾經有好幾個案例，光是光纖網路的佈線成本就占了整個網路架設總成本三分之一至二分之一的費用。

在前面的章節我們介紹過 IoT 必須連接許許多多的裝置設備，所以為了 IoT 的使用環境可以更為完善，以下我們將針對無線區域網路加以說明，這樣的無線通訊區域網路也正在迅速普及當中。

般來說建置一個無線的封閉式區域網路技術包括有：Wi-Fi、藍牙（Bluetooth）、ZigBee、Z-Wave 和 Dust Networks 等，各種各樣的標準都還處於混亂的狀態。筆者就分別介紹幾項比較入手的技術如下。

 ## 最廣為使用的 Wi-Fi 連線環境

首先，讓我們先了解一下除了 IoT 以外也被廣為使用的 Wi-Fi 的功能和現狀瓶頸。

Wi-Fi 是由 Wi-Fi 聯盟（Wi-Fi Alliance）根據 IEEE 802.11 設備所認證的技術標準，並確保根據該標準製造的產品之間具有互操作性。這個標準是經過多

年逐步發展至今，通訊的速度也都在逐步提高當中。最初的 802.11 速度僅為 2 Mbps，但截至 2017 年已經擴展到 802.11ac 理論傳輸速度的 6.93 Gbps。同時也支援 WEP / WPA / WPA2 的各種加密方式。

無線電的頻段分別為，使用 2.4 GHz工作頻段和使用 5 GHz 工作頻段。無線電波達到約 100 m，但是在 2.4 GHz 的工作頻段，微波爐等設備的干擾可能會是一個很大的問題。電磁干擾的環境常常造成斷訊，使得功能無法達到有效的發揮，成了 Wi-Fi 一大瓶頸。

Wi-Fi 的使用優點在於 Wi-Fi 是一種用途廣泛且被廣為使用的通訊標準，因此坊間就有許多具備 Wi-Fi 功能的裝置設備而且價格便宜。所以往往在諸如物流倉庫等這些佈線成本較高的大型封閉環境，能夠以較低的成本建構一個網路系統就是會被廣泛使用的因素。

---

Summary

### WiFi 的特徵

● 通訊速度不斷提高，2017 年 8 月現在的理論傳輸速度為 6.93 Gbps
● Wi Fi 傳輸涵蓋距離可達到約 100 公尺
● 無線電頻段為 2.4GHz 和 5GHz
● 於電磁干擾存在的環境（例如微波爐）中，容易受到干擾

---

 ## Bluetooth 與 BLE Beacon

在藍牙（Bluetooth）這種近距離無線通訊的無線通訊標準當中，低功耗藍牙（Bluetooth Low Energy，BLE）之於 IoT 的應用，也相當受到注目。

最初是被廣泛使用於 PC 周邊設備的藍牙，其標準規範是由 Bluetooth SIG（Bluetooth Special Interest Group，藍牙技術聯盟）所建立。最初的規格是將 2.4GHz 頻段畫分為 79 個頻道，並使用跳頻技術隨機更改所使用的頻率，裝置與裝置之間在 10 至 100 公尺的距離之內就可進行最大 24Mbps 的無線通訊。同時藍芽還有一個很大的特點就是非常便宜。

2010 年藍牙技術聯盟推出了藍牙 4.0 版的規格，其中廣為 IoT 系統使用的

BLE 雖然不能與之前的藍芽標準相容，但是達到了省電的通訊技術。BLE 也是省電的特性成就了低成本的節能通訊，而成為 IoT 通訊的理想選擇，從此也造就了 BLE 的快速普及。

BLE 為了節省功耗，所以通訊傳輸速度會控制在 1 Mbps 以下，但最大通訊距離為 30 公尺，覆蓋率是相當寬廣的。但是，如果想真的達到省電的話，通常的使用距離約為 5 公尺，這樣的通訊方式有兩種，一種是連接各個 BLE 裝置之間的通訊。另一個使用廣播（Broadcast）的方式，將數據一次發送到所有連接到本地網路的所有裝置設備上。

在 BLE 的應用技術中有一種稱為信標（Beacon）的技術。搭載 BLE 的 Beacon 裝置設備可以透過電波訊號強度與接收端的軟體就能判斷估算接收端和 Beacon 的大致距離。2013 年 Apple 首先發表了採用 iBeacon 技術，這項技術在當時一發表就立即在市場廣為流傳。從此，屬於近距離之間的人與物體的位置偵測、訊號檢測等，都可以採用此種成本較低的技術偵測附近的物體或人的位置訊號，進而還可以建置一個執行訊息傳遞的機制。

BLE Beacon 終端裝置本身僅是個能發出微弱無線電波的設備，所以非常便宜且體積可以很小。最近，還出現了售價僅約 2,000 日圓、如硬幣大小的 Beacon 和 Beacon 標籤（Beacon tag）。接收電波的接收器裝置，對於無線電波的接收距離是可以設定變更，通常會將距離設定為 50 公分至 30 公尺。

實際的 Beacon 設備最需要注意的是電池的使用。即使電池壽命可持續使用一到數年，也應該在電力用罄之前及早更換。還有感測精準度不足也是一個問題，甚至曾經被質疑這個裝置不大要求非常精準的通訊。

另外，在封閉空間如果裝設了大量的 Beacon，Beacon 的 2.4GHz 頻段在 Wi-Fi 環境下使用，的確會導致傳輸交錯、Wi-Fi 降速的問題。這點在 Wi-Fi 的環境下使用大量的 Beacon 時請務必要特別注意。

❏【圖表 2-20】Estimote 的 Beacon 設備

Summary

**BLE 的特徵**

● 屬於低功耗藍牙（Bluetooth Low Energy）的標準，但與現有藍牙不相容

● 接收器可以透過 BLE 裝置所發送的信號強度偵測距離。

● 通訊速度為 1 Mbps，最大範圍為 30 m（通常為 5 m）。

● 廣泛使用小型且價格低廉的 BLE Beacon 裝置

## 超節能的 ZigBee

ZigBee 也是感測網路的無線標準之一，類似藍牙（Bluetooth），所以也經常被拿來和藍牙相提並論。ZigBee 的主要特點是，睡眠期間的待機功耗比藍牙低、從睡眠狀態喚醒到進行傳輸數據所需的待機時間大約也只有數 10 毫秒非常短的時間。與 Bluetooth 從睡眠喚醒並進行數據的傳輸大約需要 3 秒鐘左右的時間相比，ZigBee 的快速待機喚醒的功能實在非常有利。

因此，ZigBee 非常適用於「像傳送數據時在極短時間之內即能啟動，資料傳送之後又能在很快的時間再次進入睡眠狀態」。但是，ZigBee 傳輸標準是無法由接收器的設備端執行睡眠模式的喚醒功能。另外，如果是屬於頻繁的數據傳送狀況的話，也不能期待藉由睡眠模式達到節能的功效。

再者 ZigBee 可以同時連接大量的裝設備，最多可以達到 65,535 個裝置設備。只要一個協調中心（Coordinator）就可以同時傳送到多個裝置設備，也可以發送到每個單獨的設備。ZigBee 還具有高度靈活的網路連結特徵，能夠形成網狀網路（Mesh Network）、也可以形成所謂的隨意網路（Ad-hoc Network），讓每一個節點都扮演路由器的角色，達到幫忙轉發網路封包的功能。

ZigBee 因為是處於需要連接大量裝置設備的環境，所於也朝向平時使用睡眠模式、但定期提出使用狀態報告的功能。

## Summary

### ZigBee 的特徵

● 睡眠期間的待機狀態比藍牙（Bluetooth）更省電
● 從睡眠喚醒到數據傳送的等待時間只需約幾十毫秒
● 最多連線台數可達 65,535 台
● 可以形成網狀網路（Mesh Network）和隨意網路（Ad-hoc Network）

## 專欄

### 網狀網路（Mesh Network）的重要性

通常我們提到區域網路（Local network）的通訊標準時，經常會聽到網狀網路（Mesh Network）這個名詞，以下我們就來談談何謂網狀網路。

顧名思義，網狀網路是一種網狀的連接形式，以網狀模式進行佈局。通常會用來與透過中央的集線器做傳遞的星狀網路 (Star Network) 做比較。

數據透過存儲桶式中繼（Bucket-Relay）的方法依次將數據傳送到目標節點（裝置設備等）。 萬一原來的節點 A 和節點 C 之間的連結斷點或無效時，也會透過再連接一個節點 B 的方式進行傳輸。是一種可以確保傳輸始終保持連續性並提高可靠性的傳輸方式。

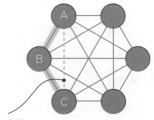

**網狀網路**　　　　　　　　　　　**星狀網路**

A-C 間的連線

即使 A-C 間的連線中斷無效了，
也可以透過 A-B-C 的路徑傳輸訊息。

❏【圖表 2-21】網狀網路和星狀網路

## 最受智慧家庭市場喜愛的 Z-Wave

Z-Wave 是全球智慧家庭市場中最受歡迎的無線通訊標準。這個標準是由丹麥公司 Zensys（2009 年由 Sigma Designs 收購）和 Z-Wave Alliance 共同開發而成。特點是產品之間可以互相操作而且低功耗、可以長時間使用。目前全球大約已經有 1,400 多種的產品可以相互運用。

Z-Wave 屬於低速傳輸，利用小數據封包的傳輸方式而且將速度限制在 100 kbps 以下，所以不大會因為干擾而導致數據包丟失的可能，是一種可靠性高而且延遲的通訊標準。因為是使用 800 ～ 900 MHz 的頻段，所以即使在與 Wi-Fi 共同的操作環境也不會造成干擾。Z-Wave 還有一個特點就是短距離的傳輸技術，所以不容易造成信號衰減。

Z-Wave 也支援網狀網路的建置，一台主機控制器（Controller）最多可連接 232 台設備。如果特定設備之間無法直接連接，即便是距離很長，網狀網路也會搜尋其他路由路線並進行連接，所以不容易斷訊也是其特徵之一。

雖然說 Z-Wave 經常被用來與 ZigBee 進行比較，但在某些情況下，Z-Wave 與 ZigBee 也會相互使用，例如運用 Z-Wave 在產品之間有很高的互相操作特性，再連接 ZigBee 和 Z-Wave 的網路就可以進行相互之間的操作。 一般來說 Z-Wave 的價格通常比較低廉，這是也是 Z-Wave 可依在智慧家庭市場中廣受歡迎的原因之一。

## Summary

### Z-Wave 的特徵

- 透過最大 100kbps 的小數據包進行傳輸
- 通訊可靠性高和低延遲
- 每個控制器最多可連接 232 個裝置設備
- 相互連接相容性高，所以可以與其他規格設備相互運用

**被受關注的網狀網路 Dust Networks**

　　建置 IoT 的區域網路，因為經常存在一些通訊路徑上的問題，所以使用所謂「不斷訊的無線」所構成的網狀網路的建置方式就愈來愈多了。

　　在這樣的網狀網路當中就有一家名為 Dust Networks 的公司。 Dust Networks 最大特點就是藉由一次性的同時傳輸方式達到超低功耗的省電模式。如此一來就可以形成一個使用電池供電的網狀網路。由於 Dust Networks 不需要基地台就能連接大量設備以形成網狀網路，因此有望成為自主分散式的無線網路。在分散式的網路中，即使網路的一部分斷訊了，也可以透過其他的設備進行自主式的數據傳輸。

　　Dust Networks 在 2.4 GHz 頻段中使用 15 個頻道作為跳頻頻段，因此具有抵抗其他無線通訊信號干擾的特性。此外，所有的設備都可以在同一時間同步啟動，並且可以在數據傳輸後立即進入睡眠狀態，因此即使由電池供電也可以運行數年，具有極佳的低功耗特性。

　　也因為這些特性，Dust Networks 就是以「不斷訊的無線」為口號，大力拓展公司的業務。

　　另一方面，Dust Networks 最大的缺點是在設備之間的傳輸，大約會有 1 秒鐘的延遲。所以，不適用於需要即時的數據傳輸。另外，由於其傳輸容量也只有為 90 bytes x 36 封包量 / 秒，因此也不適用於高速的數據傳輸。

　　Dust Networks 適用的領域則是在遠距監控領域，例如停車管理、遠端的工廠監控，包括過程監控、狀態監控都有相當豐富的經驗。

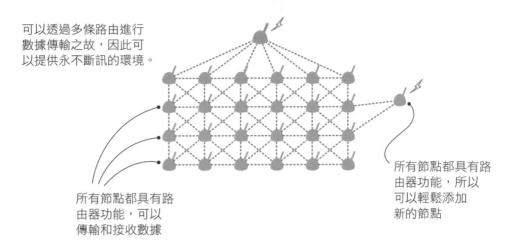

可以透過多條路由進行
數據傳輸之故，因此可
以提供永不斷訊的環境。

所有節點都具有路
由器功能，可以
傳輸和接收數據

所有節點都具有路
由器功能，所以
可以輕鬆添加
新的節點

❏【圖表 2-22】Dust Networks 的概念圖

Summary

### Dust Networks 的特徵

● 可以形成連接大量設備而無需基地台功能的網狀網路。

● 即使一部分網路中斷，也可以透過其他的節點自主傳輸數據。

● 極度不易受到其他無線通訊網路的干擾

● 設備之間通過時大約會有 1 秒鐘的傳輸延遲

　　截至目前如我們所見，這種分散式、不斷訊、既可靠又安全網狀型的網路，對於 IoT 今後區域網路的建置而言，肯定會變得愈來愈重要。

　　這是因為，在現實的工廠環境之中，網路存在許多問題，例如頻繁的電磁干擾和電磁波無法通過諸如鋼鐵型的遮蔽物等等。筆者認為，萬一部分網路斷訊了，像這種信賴度高、分散式的網狀網路，應該會獲得愈來愈多使用者的支持。

# 2.5

# 邊緣運算的出現

 **IoT 領域中邊緣運算的重要性**

到目前為止，IoT 系統的建置，我們會從快速上手開始、再加上數據處理、數據分析和雲端運算等等常識，但，這些都還不足以應付所有的狀況。

隨著連結的裝置設備數量的增加以及從感測器蒐集回來的數據記錄的增加，逐漸造成這些即時的數據量急劇的膨脹。這些蒐集回來的數據相對地也必須進行立即的數據處理和分析，並且還必須將這些處理分析後的資料回傳給工廠作業現場的機械設備。例如，如果工廠作業中所蒐集的流動數據，在經過工廠內部即時的分析之後，檢測出異常的數據，則可以立即採取諸如設備控管、避免不良品的流出等措施。

另外，還有一些必須儲存在本地端的安全功能的需求存在，例如工廠作業的實際狀況、醫院患者個人的病情資料、醫囑用藥等不可向外披露的數據訊息等等。

針對這樣的狀況，就有人提出了邊緣運算，目前也已經開始實際運作。邊緣運算就是在網際網路的這端（也就是數據蒐集源的附近）即時處理和分析與終端之間的中間數據。

邊緣運算如果以人體為例的話，就相當於身體的「脊髓反射」。就是當機器需要執行一些簡單的訊息或需要立即做出反應時，邊緣運算就會立即進行運算，這與身體受到刺激，人體會為了快速反應，立即把訊息送到脊髓，再立即傳回來的反射動作是一樣的。透過這種思考方式，應該就可以了解邊緣運算的運作和為什麼會被視為理所當然的應用。正如人體在各種各樣的場合，處理不同的訊息一樣，運算的模式最終也會逐漸走向複雜化。邊緣運算現在已經是許多裝置設備和大量數據傳送到雲端前的一項必要的處理功能。

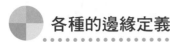

## 各種的邊緣定義

「邊緣」一詞是直到最近才開始廣為使用。所以，首先我們就針對何謂「雲端」、「雲端運算」、「邊緣設備」等的涵義稍作整理。

以整個廣域的網路來看，網路的一端（本地網路，Local Networks）因為處於終端邊緣，所以就是名副其實的「邊緣」。但是，即使可以一語概之稱為「本地網路」（Local Networks），這當中還是存在各種各樣分層的終端，所以如果 IoT 系統的 Gateway 有時也被稱為「邊緣」，那麼連接到 IoT Gateway 以下的多個感測設備就會被稱為「邊緣設備」。

這些雖然都可以造成名詞混亂的根源，所謂的「邊緣」應該就是以整個網路的一端這樣的思考角度是比較合適的，所以在整個網路的哪一層稱為「邊緣」就非常明確了。

【圖表 2-23】就是在 2.1 中曾經介紹過的 IoT 分層模式。從廣域網路的角度來看，「邊緣」就是邊緣運算層之下的整體本地網路（Local Networks），就是廣義的「邊緣」。

而在本地網路內看到的「邊緣」會有 2 個。一個在第 3 層，執行「IoT Gateway 的邊緣運算」。另一個在第 1 層，負責執行「搭載微型電腦等的設備和設施上的邊緣運算」。這兩個邊緣運算模式都必須確定後再考慮是否有執行的必要。

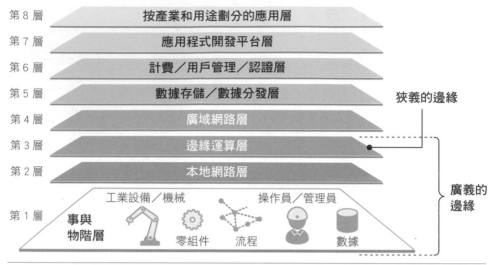

| | |
|---|---|
| 第 8 層 | 按產業和用途劃分的應用層 |
| 第 7 層 | 應用程式開發平台層 |
| 第 6 層 | 計費／用戶管理／認證層 |
| 第 5 層 | 數據存儲／數據分發層 |
| 第 4 層 | 廣域網路層 |
| 第 3 層 | 邊緣運算層 |
| 第 2 層 | 本地網路層 |

狹義的邊緣

廣義的邊緣

第 1 層　事與物階層

工業設備／機械　　操作員／管理員

零組件　流程　數據

❏【圖表 2-23】廣義的邊緣運算與狹義的邊緣運算

 **邊緣設備的構成要素**

　　邊緣運算中所使用的裝置設備有處理感測器數據的微型電腦、各種搭載儲存、作業系統（OS）、電源、通訊功能等的裝置設備，如果是感測器直接連接到 Interface 的單功能模組的情況下，也有使用搭載單晶片的微型電腦進行感測數據傳輸的裝置。這樣的感測器裝置本身不能執行複雜的處理。因此，採取在 Gateway 上同時處理多個設備數據的模型。Panasonic 的人體感應設備就是一個例子。這個設備具有單個感測器、靈敏度調整功能和 Gateway 與本地無線網路通訊的功能。

　　另一方面，這些裝置設備也可以組合成一個多功能的感測器設備。這裡就有一種名為 Raspberry Pi 的電子工程用的零組件，非常受到歡迎，只要利用這個零組件就可以組成既便宜又多功能的電腦載板。

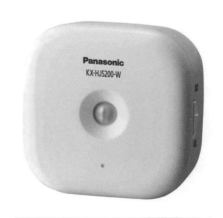

❏【圖表 2-24】適用於家庭網路的 Panasonic 人體感應器（KX-HJS200-W）

再透過將各種的感測器連接到這樣的載板上，就可以組成搭載各種感測功能的多功能感測器設備。如果搭載性能較高的微型電腦，那就可以用於邊緣運算，在設備上處理多個感測器所蒐集的數據。

Raspberry Pi

❏【圖表 2-25】使用 Raspberry Pi 零組件的複合式感應器設備示意圖

 **邊緣運算是必然出現的功能**

　　從 2010 年開始到現在，雲端運算已經進入了全盛時期，筆者預估「運算的模式到了 2017 年應該會有慢慢轉移到邊緣的趨勢」。 這是根據第 1 章中提到的「下一個趨勢將在 2007 年的第 10 年出現」的想法所得到的預測。 如果 2017 年是「邊緣元年」的話，那麼邊緣處理和雲端的重要程度已經被等量看待了。

　　需要在邊緣進行處理的部分原因，一是需要即時的處理、分析和傳回分析結果和模擬。另一方面，從設備的感測裝置所獲得的數據，經常是分散而且常有缺損。像這樣非結構性的大量數據，如果就這樣傳送到雲端的話，很容易造成雲端的過重負擔而無法處理。

以 IoT 而言，物聯網今後需要連接的感測器設備的數量勢必會愈來愈多，相對地數據量也會隨之增加。在這種情況下，邊緣運算就是必然會出現的運算模式。

 邊緣運算和類邊緣運算的霧運算

霧運算（fog computing）是類似於邊緣運算，屬於邊緣運算的延伸。最初是由思科（Cisco）在 2014 年所提出分散式運算模式，現在與英特爾（Intel）等組成開放霧聯盟（Open Fog Consortium；https://openfog.jp/），除了將其標準化之外，還創建了各種範例，積極地推展完整的參考架構的發展。

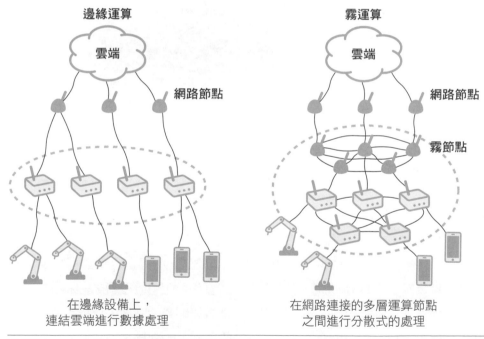

□【圖表 2-26】邊緣運算與霧運算的相異點

霧運算的特徵就是將邊緣端的可運算節點（即是設備等）相互連結並且相互合作，進行分散式的處理。

如果是熟悉網路的讀者，則可能需要關注連接的類型（即是網路拓撲，

Network Topology）。 邊緣運算屬於星型拓撲（Star Topology），而霧計運算則是屬於網狀拓撲（Mesh Topology）。

## Amazon 也明顯轉用邊緣運算

如果觀察雲端業者的發展，明顯地我們也可以感受到邊緣運算已開始受到重視。以下我們就來介紹一些業者的動態。

截止目前為止僅提供雲端運算模式的 Amazon AWS，於 2015 年也發表了 AWS IoT 和 Amazon Dash Button，將服務擴展到了設備端。 2016 年又發表了一項服務，就是即使在本地網路的環境下，也可以啟動 AWS 雲端功能的 Lambda 和 Device Shadow 服務。這項名為 Greengrass 的服務，使從事 IoT 的人員感到非常驚訝。這是因為，很明顯地即使像 Amazon 這樣擁有很高市場占有率的雲端業者，也開始進入了下一個無法漠視與邊緣端之間的互相配合的世代。

同時，AWS 也發表了 SDK（Software Development Kit，軟體開發套件）和一個指標評估板。除此，還發表了 AWS IoT Button，可以將其稱為可程式化的 Amazon Dush Button。

❏【圖表 2-27】AWS Greengrass 的概要

AWS Greengrass Core 提供了在 AWS 上運作的 AWS Lambda 函數、AWS IoT Device Shadow 功能、本地網路上的訊息傳送以及 IoT 設備之間的安全通訊環境。

□【圖表 2-28】AWS Greengrass Core 提供功能一覽表

| 功能名稱 | 概要 明 |
|---|---|
| AWS Lambda 的本地端處理 | 如果使用 Greengrass，就可以在裝置上直接執行 AWS Lambda 函數，因此可以立即執行代碼。 |
| AWS IoT Device Shadow 的本地端支援 | 藉由 Device Shadow 的功能。裝置影子可快速捕捉每個裝置的虛擬版本或「影子」等裝置狀態，以追蹤裝置目前狀態和所需狀態的對比，並可在網路連線時與雲端進行同步更新狀態。 |
| 本地端簡訊 | 可透過連接本地網路的裝置設備間的訊息傳送功能，即時沒有連接到 AWS 也可以相互通訊。 |
| 安全的通訊環境 | 使用與 AWS 相同的通訊安全管理、設備之間的相互身分驗證和授權以及與 AWS IoT 的連線安全。 |

 ## Sakura Internet 的 IoT 架構

日本雲端服務營運商 Sakura Internet Inc.（日文：さくらインターネット株式会社）也在邊緣端的 IoT 通訊模組領域，發表了 Sakura Internet 專用 IoT 通訊模組。透過與 Sakura Internet 的雲端整合，可以將 IoT 感測設備所蒐集來的數據，以一種完全安全的通訊方式連接到資料中心進行解決方案的執行。

該公司還結合通訊費用提供了一套低價的套裝服務。基於「迎向數據蒐集的大時代」這樣的概念，所以提出了一個包含邊緣運算模組，適合製造產業的 IoT 套裝服務。

從資料中心的服務型態擴展到雲端服務的 Sakura Internet 不但提供了一個安全的通訊模組以方便位於本地端裝置設備的連接，並且提供了整合所有 IoT 環境建置所需的整體套裝服務，的確很令人驚訝。因為對於製造產業而言，不但非常容易上手使用，應該已經涵蓋了 IoT 從連接到運算的所有環境內容。

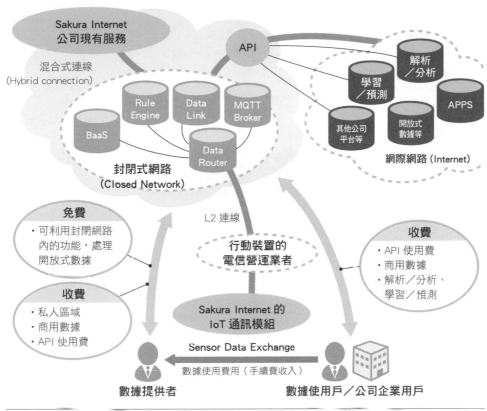

❏【圖表 2-29】Sakura Internet 的 IoT 架構圖

 ### 邊緣運算的先驅 -FogHorn Systems

　　美國 FogHorn Systems 公司是由 IoT 應用程式業者的奇異（GE）和思科（Cisco）合作組成的合資企業，成立於 2015 年，投入開始就領先業界從事邊緣運算的模組開發。提供雲端到邊緣的應用程式傳送、更新、應用程式的執行，並且還提供了一套雲端模組與邊緣端連動以便進行數據分析處理的解決方案。

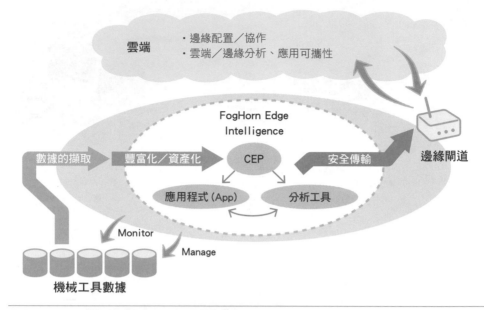

❏【圖表 2-30】FogHorn Systems 的結構

　　FogHorn Systems 公司也與日本橫河電機在資本設備業務上攜手結成商業聯盟。同時，2016 年初也宣布，與日本的中國電力公司（日文：中國電力株式會社）的網路子公司 Energia Communications 公司合作，提供企業客戶以機器設備管理為主的邊緣和雲端混合環境。如同【圖表 2-31】所示，該公司提供了一個可以複雜分析邊緣端上的裝置設備狀態與稼動時間序列間的應用程式。

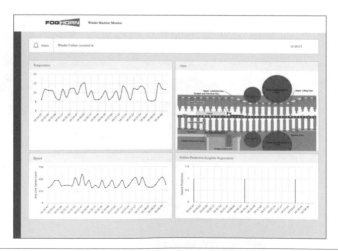

❏【圖表 2-31】FogHorn Systems 提供的應用程式螢幕示意圖

**ARM 提供的安全 IoT 環境**

　　2016 年，因為日本 Softbank（軟銀集團）的收購而造成熱門話題的英國半導體設計大廠安謀（ARM）研發的 mbed 作業系統（Operation System，OS），就是屬於在 ARM 架構下的邊緣設備端運作的 IoT 時代的小型作業系統。

　　安謀還在另一個網址空間中設置了一個稱為 TrustZone 的區域，可以在該區域中進行應用程式的操作，並配合 ARM mbed IoT 雲端平台，可以無縫提供雲端到邊緣設備間的安全通訊環境和應用程式的執行環境。

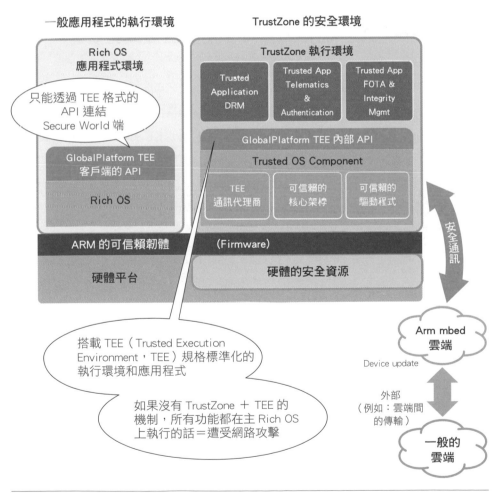

□【圖表 2-32】ARM mbed 雲端平台和 TrustZone 操作模式

在一切都需要透過網路進行連接的 IoT，各種的網路攻擊，對於設備端的安全防護措施相對也變得愈來愈重要。所以 ARM mbed OS 對於 Firmware、身分認證、外部連接功能等的重要領域上的保護機制是非常令人期待的。

「mbed cloud」是安謀所提供的一項雲端服務。是一款搭載在 mbed OS Trust Zone 中，還提供了可更新數據傳輸等的 Firmware，更是一款極為安全的雲端服務。這與目前市面上僅以密碼確保傳輸安全的 IoT 服務，完全是不同等級的網路安全服務。ARM mbed 的架構完全是屬於晶片等級的防護，可以說是為 mbed 雲端提供了一個強大的 IoT 安全架構，絕不會容許外部的攻擊。

 ## 雲端與邊緣之間的無縫運算環境是 IoT 的真正價值

綜觀以上的介紹，我們可以了解邊緣運算在不久的將來勢必會成為不可或缺的功能。到目前為止，大部分的重點都僅限於期待雲端的設備裝置能愈來愈便宜、更易上手，但是有關本地端的裝置設備之間的相互服務、本地端裝置設備的簡單資訊處理、本地端的裝置設備本身的編程等也會變得非常重要。

但是，以目前的狀況來看，雲端技術還一直圍繞於 Web 和雲端相關的技術開發工程師、或是擁有裝置設備的軟體開發技術的工程師為中心的兩個領域。兩者之間還存在很大差距，希望很快也能達到無縫合作的服務。

今後，無論是成為商業模式的一種、或是 IoT 的建置的工程技術，都希望可以建置一個邊緣和雲端無縫處理數據的運算環境，這樣的 IoT 才能真正打動人心和創造真正的價值，我們都應該朝向這樣的方向進行。

# 第 3 章

# 各式各樣的
# 數據來源

# 3.1

## 裝置設備所蒐集的數據

 **IoT 使用的各種裝置設備**

　　IoT 系統，可以透過連接搭載感測器的各種裝置設備，進行各式各樣的數據蒐集。在這個章節，我們將探討連接 IoT 的各種裝置設備及裝置設備所蒐集的數據範例。

　　首先，我們先想想我們擁有哪些可以連線的裝置設備。在我們周遭最熟悉的應該就是智慧型手機。還有可以連接到智慧型手機的擴音器、手表和眼鏡等的周邊設備也已出現。當然，個人電腦、平板電腦也都有充分的機會成為 IoT 的設備。

　　如果環視家中的各項設備，現在尚未連接到網路的可能有冰箱、微波爐、電燈等，但是這些設備只要搭載了可以連上網路的功能，立刻就能變成 IoT 的重要裝置設備。除此之外，家裡的電表、溫濕度的設備也都可以成為裝置設備。

　　我們可以看看街道的四周、甚至是於辦公室等地方，監視器設備已經是無處不在了，而這些監視設備也都可以成為感測器，發揮一定的功效。目前在消費市場，有一個稱為 Beacons 的無線電發射器，會測量客戶（智慧型手機之類的設備）的接近距離，並且在設定的距離內向客戶發送訊息。

　　像這樣，每個裝置設備都有可能成為數據的來源。以下章節我們將介紹一般消費者可能使用或是常見的各種裝置設備，也會舉例說明其特性及從中可獲取的數據。

# 感測器的普及與智慧型手機所蒐集的數據

以個人裝置而言，智慧型手機絕對是數據來源的最佳代表。因為一支智慧型手機通常都會配備 GPS、加速度感測器、陀螺儀感測器、電子羅盤感測器、光線感測器、距離感測器、指紋感測器等。

**GPS**（Global Positioning System，全球定位系統）是一種接收多個衛星訊號並可以計算出當前位置所在的感測器。GPS 也會用在汽車導航系統，雖然會有大約幾公尺的誤差，但是在汽車的行進或駕駛當中，可以掌握精度的位置訊息是絕對沒有問題的。GPS 的輸出訊號還可以算出所在的緯度和經度。

**加速度感測器**是測量智慧型手機的運動（加速度）感測器。不僅可以判斷智慧型手機的晃動動作，還可以判斷智慧型手機是縱向還是橫向。

**陀螺儀感測器**是測量智慧型手機的旋轉運動（角動量）的感測器。除了加速度感測之外，它還可以根據智慧型手機的傾斜角度，在 VR（Virtual Reality，虛擬實境）和 AR（Augmented Reality，擴增實境）的應用程式實景中，用來判斷人物所描繪位置。

**光線感測器**是測量光線亮度的感測器。可以確定智慧型手機周圍的光線強度，進而切換螢幕的亮度和應用程式的模式。根據感測器的分解能力，將光線亮度區分為多個等級進行不同數據的輸出。

**距離感測器**是測量物體接近的感測設備。如果手機感測出已經被貼在耳朵上講電話，則會關閉螢幕或切換應用程式模式。智慧型手機會輸出一個 2 階段的數值，作為是否關閉螢幕的依據。

**指紋感測器**是讀取人類指紋的感測設備。用於智慧型手機的連結使用、各種應用程式的身分驗證、執行交易時的個人身分驗證、意識確認等。透過指紋按壓感測器的方式，將按壓的指紋圖案形成數據輸出。

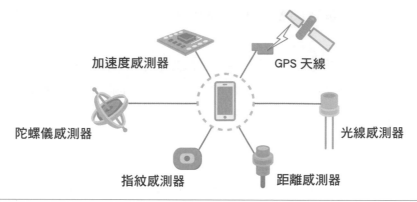

□【圖表 3-1】智慧型手機所搭載的各種感測器設備

在過去 10 年左右的時間，搭載各種感測器的智慧型手機迅速普及，在這 10 年左右的時間中就創造了數 10 億台的數量，就如第一章所述，這樣的狀況造就了感測器價格的快速下降，也成就了 IoT 的普及。

智慧型手機因為搭載了 iOS 或是 Android 等作業系統，再加上具有 CPU、記憶體、存儲設備、電源、通訊等功能，這樣的手機本身就是一台完整的電腦設備。因此，這些感測器所蒐集而來的數據，只要添加一些應用程式的軟體，就可以很容易地處理這些來自各種感測器的數據。

但是，如果是一般的感測設備就必須還要另外搭載 CPU、記憶體、OS、嵌入式軟體、電源、通訊等功能。特別是，感測器的感測精度和輸出值的簡單運算，就要看嵌入式軟體的功能了。以下的章節，我們就來看看除了智慧型手機之外，還有什麼樣的感測器，可以生成什麼樣的數據。

 **穿戴裝置設備所蒐集的數據**

所謂**穿戴裝置**，顧名思義是指人體全身各種部位所能穿戴的配備，以手表和眼鏡最具由代表性。可以藉由人體的動態取得例如脈搏、步數等數據，還有一些裝置是可以填補一般人比較不容易看見或聽見的環境訊息。最近還出現了可以貼黏在皮膚上的感測物件和隱形眼鏡等類型。藉由這樣的穿戴裝置配備，就可以蒐集相關的脈搏數據、溫度、周遭環境圖像、影音等。

有一款筆者覺得非常有趣而且已經商業化的穿戴裝置，只要佩戴在身上就可以監測使用者的呼吸模式。這一款設備就是 Spire（www.spire.io），該設備搭載有 7 軸感測器和無線充電等技術，實體產品就只有打開手掌大約可放在手掌心的大小。透過監測呼吸的頻率，Spire 就可以知道使用者是處於動態的精神集中、緊張或是運動的狀態、或是坐姿狀態、平靜狀態等，不僅可以進行即時的監測，還能顯示建議最適當的呼吸頻率和呼吸深度。

筆者認為穿戴裝置的好處是，僅是持續的配戴，就能在不知不覺之中進行各種數據的記錄，還能將這些數據進行同步的數據處理變成可檢視的資訊。

❏【圖表 3-2】Spire 設備和充電器

 Fitbit 及 Apple Watch 所取得的數據

在穿戴裝置設備中，手表型態的樣式可能是最多人關注的，目前市面上已經有許多各式各樣的款式、廠牌。 其中，在日本擁有壓倒性的市場占有率的就屬 Fitbit 這個品牌。Fitbit 有一個連結的應用程式，如次頁圖表所示，該應用程式可以透過藍牙連接到智慧型手機並進行同步的數據更新。不僅在智慧型手機上，還可以在雲端，管理所測得的數據。

❏【圖表 3-3】Fitbit 穿戴裝置與 App 畫面

　　Fitbit 穿戴裝置雖然主要只是測得有關移動步數、脈搏和加速度等的數據，但從這些取得的數據就可以推算出移動的距離、運動量、卡路里消耗量和睡眠時間等與日常生活相關的訊息，這些數據不但可以在智慧型手機的應用程式上開啟，也可以在電腦的 Web 螢幕上顯示。我們也可以說 Fitbit 是專門用來蒐集數據的裝置。但，不可以將 Fitbit 視為一個獨立的設備，Fitbit 的設計概念，應該只是連結智慧型手機的一個外部裝置，而不是單獨存在的設備。

　　同樣屬於腕表設計的產品中，最受歡迎的就屬 Apple Watch。Apple Watch 所獲取的數據與 Fitbit 非常相似，但 Apple Watch 還搭載了麥克風、喇叭、環境光感測器、通訊等功能。除了可以使用語音數據之外，還可以確定光源的存在與否，並可直接進行數據的傳輸。手表設備端所累積的大量數據也可以和智慧型手機或雲端進行連結。

　　另外，在手表設備端所取得的數據，再加上專用的應用程式，就可以讓這些數據在 Apple Watch 設備端查閱時，呈現美麗的視覺感受。當然 Apple Watch 也是可以與 iPhone 進行連結，但是 Apple Watch 的設計前提，就是設定為可以

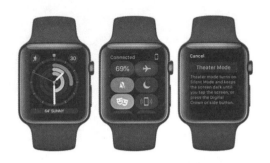

❑【圖表 3-4】Apple Watch

單獨使用的裝置設備，無論在設計上或是功能上都下了很大的工夫。

 ## Beacon 裝置設備所取得的數據

　　信標（Beacon）是建立在 Bluetooth 的 BLE（低功耗藍牙）標準的無線電波發射設備。目前就有許多可與智慧型手機連接的各種裝置設備，有很多都被用於與生活息息相關的醫療保健和消費者服務。

　　無論是固定式 Beacon 或是移動式 Beacon 的訊息接收，都是取決於無線電波的強弱和與 Beacon 之間的相對距離所決定。如果所在位置，距離 Beacon 很遠，那就偵測不到無線電波了。Beacon 的偵測一般最短距離會在大約 15 至 30公分，但是如果希望建置一個比較大範圍的機制的話，最遠大約可以到達 30 公尺的範圍。

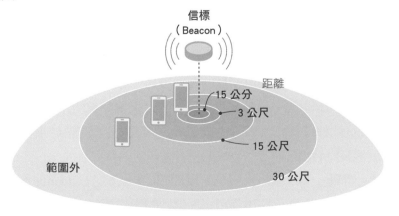

❑【圖表 3-5】Beacon 的無線電波偵測機制

Beacon 設備最近因為大量出貨之故，價格也變得較容易入手。如果是電池可維持一年左右的款式，售價大約都設定在 2,000 日圓左右。

還有一點必須要注意的是，Beacon 本身並不是發送和接收數據的設備，而是不斷地發送一個自己特有的 ID 訊號的設備。利用 ID 訊號和感測器的組合，就可以將感測器所蒐集的數據搭載 Beacon 訊號，將訊

□【圖表 3-6】日本 Ranger Systems 公司的溫濕度感測器 Beacon（iBS01T）

息發送出去。左圖所顯示的產品範例是日本 Ranger Systems 公司推出的溫濕度感測器的 BLE Beacon 設備。此款 Beacon 是使用鈕扣型電池的小型感測器設備，溫度／濕度的感測結果，每 5 秒鐘會透過 BLE 方式持續發送。傳輸的間隔為每 5 秒一次，依照目錄型號上的描述，該款產品電池壽命也約可使用 1.4 年。

 ## 鏡頭裝置設備所取得的數據

近來隨著光學鏡頭價格不斷的下降，光學鏡頭所的應用範圍，也從一般使用的視訊、監視系統，擴展到通訊應用程式以外的其他領域。例如，拍攝後的視頻搭配應用程式的後製處理，也愈來愈多人採用這樣的方法，來判斷拍攝中的各種狀況，並且從影片中擷取靜止畫面和影片數據。

IoT 中所使用稱之為鏡頭感測器的裝置設備，除了可以將取得的數據畫面化處理之後，還可以結合各種的類型識別、影片前後點線變化的檢測功能。這樣的結合，就可以針對動作偵測、人體辨識、臉部表情等進行判斷、當有異常狀況時，就能及時發出警訊等一連串的執行動作。

以下我們舉一個具體的例子，就是日本歐姆龍（Omron）的 OKAO Vision。這是一款在全球已經出貨超過 5 億台的影像感測器。具有高速偵測和

辨識人體影像的技術，可以提供包括人臉辨識、人體辨識、手部辨識、臉部朝向、視線推定、凝視偵測、年齡推算、性別估測、表情分析、人臉認證、寵物偵測等 11 項檢測和推算的功能。這一款使用光學鏡頭並且搭載單晶片、單感測器的人眼視覺產品，名稱為 Human Vision Components（型號：HVC-C2W）目前的售價約為 30,000 日圓。

 **家電等居家產品的裝置設備與數據代表**

❏【圖表 3-7】Omron 推出的 HVC（Human Vision Components），以家人的視角記錄數據（HVC-C2W）

　　居家產品中有許多白色家電，例如冰箱、空調、洗衣機、微波爐、洗碗機和吸塵器，都還沒能連接到網路，但以數據蒐集的裝置設備而言，這些家電用品，自始以來就很引人的注意。最近，家電大廠夏普（Sharp）就以智慧家庭的概念，推出了一款可以連接多種家用電器的**朋友家電**。核心概念就是會說話的家電產品，例如會說話的空調和微波爐等，這些會說話的家電用品，藉由蒐集使用者的使用型態和偏好等的數據，透過與雲端的連結，慢慢形成一個使用者的最佳使用模式。

　　另一方面，家電產品中的黑色家電，諸如電視和 HDR（Hard Drive Recorders，硬碟記錄器）等早在多年以前就和搭載了 Linux 或 Android 的電腦一樣，都是具有作業系統的裝置設備，其中許多都已經具備網路的連線功能。這些黑色家電與記錄最佳操作模式的白色家電，雖然在功能上有很大的不同，但現在大多也是希望，在行銷通路的領域中，進行更多的數據蒐集。

　　例如，可以蒐集觀看的電視節目類型、收錄的節目等電視節目相關的數據、也可以根據播放的數據類型，形成觀看者的選項等等。據說日本可連網的電視占比遠低於北美國家，但是如果將來這些設備可獲取數據的好處，變得顯而易見時，那麼預計將可蒐集更多的數據。

　　另外，在過去的一兩年中，使用者可以透過語音，下達指令的 Amazon 的

智慧音箱 Echo，在美國造成很大的話題。據說，自從產品發表以來，大約已經售出了將近 700 萬台，給世界帶來相當大的影響。這款可以連結雲端和 AI 的智慧音箱，必定是捲起智慧家電風潮的颱風眼，據說 Google 和日本的 LINE 等公司也都已開始著手布局。這款智慧音箱不僅可以接收人類語音的訊息，而且還可以蒐集環境的聲音，非常期待下一步可以將各種裝置設備連接到網路，形成一個控制的 Gateway。

 ## 數據的種類及應注意事項

以上我們已經解述了，在我們周遭有什麼樣的裝置設備，可以蒐集哪些的數據。如上所述，我們可以知道，這些所蒐集來的數據，很多都是與個人直接相關的數據，例如生物訊息、活動量、位置訊息、語音和家電的使用資訊等。基於個人資料保護的角度，這些數據都會小心謹慎地被對待。除了個人的目的使用之外，應該也很少會用於其他目的。

但是，自從《個人資料保護法》修訂之後，規定如果滿足了某些條件，這些數據就可能可以被積極地利用，利用的結果，也會被寄予很高的期望。但是，如果數據的提議使用方式，過於荒謬或是過度服務，可能反而會適得其反，讓人產生厭惡。因此，對於個人數據的借用，事前還是要考慮周詳才好。

❏【圖表 3-8】Amazon 的智慧音箱 Echo 與 Echo Dot

# 裝置設備所蒐集的數據

 ## 機械設備也需要感測裝置

在本節中，我們會將重點，由生活周遭的裝置設備，移轉到工廠作業現場中所使用的各種機械設備上，所能蒐集的數據。與我們周遭的設備相比，工廠作業現場的機械設備要多更多了。除了我們之前的章節，提到的 M 2 M 所必備的監視系統之外，當然還有一些可以蒐集數據的機器設備。不過在此章節比較不一樣的是，我們將介紹一些透過感測器設備的搭載，來取得數據的範例。很多情況下，很多的機械設備，大都是我們以前比較少見的。

 ## 稼動時的可視化與遠距監控不是最終目的

工廠的機械設備連接網路的最初目的，是希望可以根據網路所取得的數據達到作業現場的可視化，要達到這樣的目的需要【圖表 3-9】的步驟。

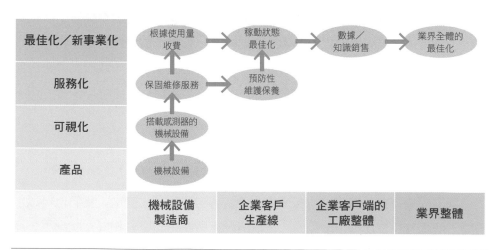

❏【圖表 3-9】機械設備的 IoT 步驟

由以上圖表我們很清楚可以知道,「可視化」不會是最終的目標。相反的,我們可以確定要發揮可視稼動狀態的最大效益,應該是下一階段,也就是提高產品附加價值的保固維修服務。例如,如果可以在故障發生之前,即能掌握機械狀況,立即進行「預防式維修」,那就能將效益化為「服務」的商機。

除此之外,還可以將這些由產品和服務所取得的數據加以應用,開闢新的商機,例如可以提供其他公司和工廠相關的優化服務,或是出售這些專有的服務技術和數據。

藉由數據期望達到可視化和遠距監控的機制,僅由一家的裝置設備製造商,單獨負責執行所有的機制是沒有問題的,好處是比較容易掌握整體狀況,也比較能夠頻繁交換意見。但實際上要執行這些計畫、或是在新事業的規畫之初,有一點必須要注意的是,對未來希望所能達到的目的,一定要非常明確。

 ## 馬達等旋轉系統的數據

工廠的機械設備中,我們經常可以看到各式各樣的馬達,例如能讓機器產生動力的壓縮機馬達、用於工廠輸送帶轉動的輸送馬達以及電動門中使用的電動馬達等,馬達的使用幾乎是處處可見。

因此,就有了針對這些裝設有馬達的機械設備和裝置設備進行測量的發想,例如用計數器偵測馬達的轉數次數、使用振動感測器偵測制動器的狀況等等,因為馬達的電流值變化會影響馬達的轉數,裝置了電流感測器,也就可以測得馬達的電流數值。如果轉動的數值突然間變得愈來愈大、或振動愈來愈劇烈的時候,就可以斷定這些機械設備可能要發生故障了。

 ## 機械設備的噪音和振動等的數據

機器設備持續運轉時,多多少少會伴隨著一些噪音。但是,我們也可以很清楚了解這些持續運轉中的設備,正常情況下所產生的聲音和異常狀況下,產生的聲音是有所不同的。通常機器設備運轉時所產生的振動,都會有一個允許

的範圍值，如果這個振動數值超過允許值，大多都是有異常狀況產生。

我們經常聽說，有一些經驗豐富的技師或是作業現場的工作人員，在操作機械的過程中，只要用耳朵聽聽聲音或靠著觸摸機器設備振動的感覺，就能判斷機器是否異常。但是隨著現實的情況，這些經驗豐富的技師和作業人員逐漸退休或是離職，能做如此判斷的人也愈來愈少了。

⅃【圖表 3-10】Ranger Systems 的加速度感測器（iBS01G /RG）

在這裡坊間就出現了，所謂的集音麥克風和振動感測器（加速度感測器）。集音麥克風可以在特定的機械設備稼動時，透過機械周圍聲音的蒐集，與機械設定好的周波數模式進行比對，由此即可判斷機器的運轉是否正常。還可以安裝振動感測器，事先設定好機器操作時的正常振動允許值，如果測得的數值偏離允許值，即可判斷為異常。

 **機械設備的電流和電壓等的數據**

如果馬達出現了異狀，這時電源流出的電流值和正常運轉的時候相比，一定會有所變化。因此，我們也可以將電流夾鉗，連接到電源線上進行檢測，透過電流數值的監看，應該就可以檢測出異常和故障的可能性。

但是對於一些不經常使用的機械設備，如果發生了異常的電力消耗，那就有可能存在漏電的風險。這時也可以透過電力感測器獲取數據，設定比月份更短的週期，進行配電板電源數值的監控，也不失為偵測異常狀況的有效手段。

❏【圖表 3-11】Omron 小型電量監控器（KM-N1）

 **溫度、濕度、干擾等的環境數據**

　　通常機器在運轉的環境中發生異常時，要找出原因並不容易。那是因為很難判斷，到底是機器設備本身發生故障或是安裝環境有問題。例如，加工設備的精準度，在高溫的環境下很容易產生變化。濕度的升高對樹脂和木材加工、或是電鍍的精準度偵測都可能產生變化。

　　此外機器設備放置環境的電磁波干擾，也可能造成影響。這些憑藉著現場工作人員的經驗和直覺，一般都可以想辦法解決，但是這樣熟練的工作人員愈來愈少，憑著工作經驗的判斷，也就愈來愈困難。如果此時可以取得定時的溫度和濕度數據，並與加工精度的相關係數和容許值進行比對監控，應該會是一種比較有效的方法。另外，對於經常發生故障的機器設備，所放置的周遭環境，也可以不必經常透過環境干擾進行偵測，因為可以使用磁場感測器，進行

電磁干擾的來源識別，還能適度地增加屏障，就能輕易解決問題。

　　由上述例子來看，現實環境中一些不容易目測的事實狀況，都可以使其變成可視化進而解決問題，其實是非常有意義的。特別是電磁的干擾，對數據的蒐集很容易造成不利的影響，如果能夠立即發現，立即採取適當的措施，那就有很大的意義。

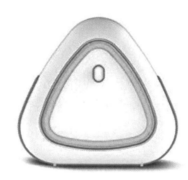

❏【圖表 3-12】Ranger Systems 公司推出可偵測溫度、濕度等 6 種數據的 Air Mentor Pro

 ## 材料、流體流量等的數據

　　很多建築物的屋頂常會放置一個蓄水槽，這時就需要一種可以將水抽上蓄水槽的幫浦。抽水幫浦在運轉時，常常會產生很大的噪音，所以一般都會安裝在建築物的地下室。如果這時將流量感測器安裝在幫浦上，偵測到「流動的流速降低」時，立即就可得知「可能堵塞了」，如此一來，也可以進行準確的檢查和維修。另外，幫浦的馬達部分，始終都是處於運轉的狀態，因此也比較可能發生故障，這時也可以使用振動感測器或電流感測器，來偵測是否產生異常。

　　此時，還有一個問題，就是幫浦所在的地下室，通常是沒有網路的環境。環境被周圍的混凝牆包圍，也很難連結行動裝置進行通訊。目前較為可行的方法，就只能專為測量，定期準備聯網的設備，以便取得測量的數據。

**即時管理的必要與檢視**

　　截至目前為止，我們已經討論了好幾種設備以及如何從中取得的數據。再來就是涉及現實中的安裝，很多時候我們的客戶都會說，希望盡可能地隨時都要蒐集數據和監控資料。但是，真的有這樣的必要嗎？真的有這麼需要即時蒐集和管理數據這件事，的確值得好好思考。

　　我們可以試想，如果我們蒐集數據的方式，是每一秒都在執行。會有多台的機器設備都在蒐集數據，而一台機器設備可能又會搭載幾十個數據項目，就這樣每一秒都在不斷地蒐集數據，結果很可能就是造成非常龐大的數據量。再來隨著機器設備數量的增加，數據量也相對也隨之增加。在這樣的情況下，不僅是機器所在終端的通訊量會不斷地增加，傳送到雲端的通訊成本也會增加。況且也不是所有累積的數據，都會被充分地利用。

　　所以，數據的使用目的、數據蒐集的頻率，還真的需要仔細地思考。是否真的需要即時的數據、即時的分析、分析的結果即時的回饋等，的確需要事前好好的討論規畫。如果沒有那麼必要卻執行了這些即時的動作，不但成本非常的高昂而且費時費力，也不見得會更有效率、數據也不見得更好用。

　　或許我們可以從試圖偵測錯誤或是故障頻率、以及機器修復所需時間（也就是機器停機的時間）的角度來探討。監控機器設備和蒐集機器設備產生錯誤或是故障頻率的相關數據是有意義的。站在現場作業人員的角度，如果故障的頻率和停機時間，會造成很大影響的話，即使花費很高的成本，還是希望可以進行即時的數據監控，狀況發生時即可進行立即的應對措施。

　　但是事實上，在筆者最近幾年就曾聽過這樣一個例子。有個客戶在過去的數年之中，不間斷地蒐集數據，但在此期間從未發生任何故障，所以也無法進行故障原因的分析，倒是增加了許多數據的存儲費用。為了防止這種情況發生，在數據蒐集了一段時間之後，最好重新審視和評估，如何蒐集數據才能達到真正的效率。

# 3.3

## 車輛是重要的數據來源

 **車輛不再是一堆感測器和軟體的堆疊結構**

自從美國的特斯拉（Tesla）開始進行電動車的生產、銷售，再加上 Google
子公司 Waymo 也開始積極推動自動駕駛的研發以來，便顯示了 IT 與汽車產業
之間已經牢不可分了。現在的車輛，不單只靠引擎的控制，從煞車到方向盤的
控制，都已經可以依靠電腦來執行，汽車已經不再是一些硬體設備的推疊組
合，車內各種各樣的感測裝置和軟體設備，都是現在汽車不可或缺的大部分
了。如果要說「汽車就是一台會跑的智慧型手機」真的一點也不為過。

以下的圖表就是 Waymo 正在測試的自駕車。

❏【圖表 3-13】Google 子公司 Waymo 的自駕車

這輛車搭載了一個光學鏡頭感測器和其他各式各樣的感測器，但最引人注
目的是車頂上的**光學雷達**（簡稱光達；Light Detection and Ranging，**LiDAR**）感
測器。是一種光學遙感技術，通常會使用雷射來測量與目標之間的距離，透過
蒐集稱為**點群數據**的點，來識別車輛行駛中時時刻刻變化的駕駛環境數據。 如

此一來，就可以隨時執行行駛路線的修正、煞車等即時狀況的判斷。當然僅僅依賴點群的數據是絕對不夠的，因此，在車子的前後同時也會搭載光學鏡頭來補捉正面和背面的影像。

## 車輛可以獲取的數據非常豐富

通常，我們只會在汽車內部的儀表板和導航螢幕上，看到稱為車用資訊娛樂系統（Infotainment）與資訊和娛樂有關的數據。但是，實際上只要從汽車啟動的那一瞬間，便可以開始獲得各式各樣的數據。例如，引擎和馬達的轉動次數、電池的剩餘電量、各種電子控制系統是否正常運轉、系統的檢查結果、還可以獲得 ECU（Electronic Control Unit，車載電腦，也就是汽車專用的微控制器）所控制的零件和模組所產生的大量數據。

目前還不是屬於自駕車的 BMW 大 7 系列，據說每小時就會產生大約 1 TB 的大量數據。如果將來成為一輛自動駕駛汽車時，產生的數據可能就會是現在的數十倍之多。

## 車載數據可以衍生的服務

加拿大的 Geotab Inc. 開發了一款同時也可以使用 ECU 輸出數據的 GEOTAB 裝置，目前也對一般大眾進行銷售。只要連接到維護板的 ODB II 上就可以透過 3G 的通訊方式，將數據下載到雲端，現也已在日本上市。

GEOTAB 只要透過電信通訊線路，就可以隨時監看由 ECU 傳送過來的數據，透過這樣的方式，可以觀看以下數據所反應的駕駛狀況。

- 引擎轉速的上限
- 不必要的空轉
- 行車速度過快
- 突然剎車或加速

- 突然轉向等的危險駕駛
- 未繫安全帶
- 倒車
- 非規定時間使用
- 延遲抵達目的地或提早出發
- 未經許可的私自使用
- 在辦公室裡長時間的待命和長時間的午餐
- 在工作時間內長時間的停車

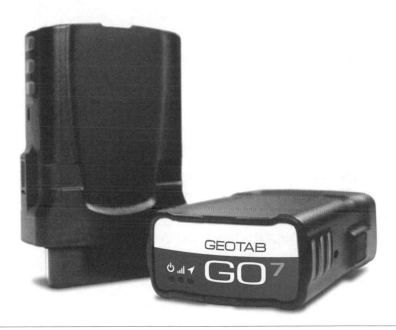

❏【圖表 3-14】可以直接插入 ODB II 連接器的 GEOTAB 模組

　　像這樣的行駛數據形成的可視化，也帶來了各種可能的服務。以下我們介紹一個非屬於上述的 GEOTAB 而是日本的案例。這是日本一家名為 TIMES24，專門提供停車場和汽車租賃服務的租賃公司，該公司會將租賃返還前的汽車記錄，包括當日突然起步和剎車的次數等，藉由搭載的導航系統所輸出的數據，再將該數據透過通訊線路傳送到中心，並針對該租用的駕駛客戶做成資料建檔以及作為日後車輛保養的優化檔案。

かんたん安全サポート
走行スピードチェック

かんたんレポート
ドライバーの成績表

GEOTABデバイス

かんたんマッピング
リアルタイムに位置を把握

□【圖表 3-15】藉由車載資訊系統（Telematics）顯示可服務項目的示意圖

像上述的這種服務稱為**車載資訊系統**（Telematics），在還未正式走向自駕車的現在，這樣的數據就已經是非常巨量了。當完全自動駕駛時代來臨時，恐怕就只能向最相關的人員報告了。

## 即時的監控系統實現了自動駕駛的可能

如果想要實現自動駕駛，應該不是單單取得每台汽車的行駛數據就足以實現。為了可以即時進行判斷，避免事故的發生，就可以使用上述所說的 LiDAR 光學雷達等，來蒐集周圍的駕駛環境數據，或者在雲端蒐集地圖上的位置數

據，還必須與其他車輛共享位置訊息。必須藉由這樣的環境數據，建構一個非常精確而且符合現實環境的情境地圖，再將數據回饋給每台車輛，如此一來，行進中的車輛就能根據這些數據，進行車輛的過度集中或是分散的環境調整，以減輕及時車輛監控的負擔。

筆者相信在未來的幾年，將會有更多、更實用的自駕車會陸續登場。透過數據的取得和應用，各種新式的服務和商機，應該也會陸續被端上檯面，真的很令人期待。

 ## 最典型的車輛搭載感測器

以下我們可以看看由車輛所產生的各種數據以及實際上已經應用在車輛上的各種搭載感測器。

以下所列舉的感測器，都是偵測車輛行駛當中的基本狀況。監控引擎和傳動系統的狀態，並將偵測的數據匯總到 ECU，如此就可以將行駛中的車輛，維持和控制在最佳的數值之內。

● **車速感測器**：測量車輪速度
● **壓力感測器**：檢測油壓和水壓
● **油門位置感測器**：測量油門供油量等
● **O2 感測器**：檢測廢氣中的殘餘氧氣，進行更有效率的理論空燃比的控制
● **排氣溫度感測器**：偵測排氣溫度
● **空氣流量感測器和進氣溫度感測器**：偵測進氣量和進氣溫度
● **水溫感測器**：測量引擎冷卻水的溫度

除上述基本的感測器之外，自動駕駛車輛還安裝以下感測器。

● **光學鏡頭**：周遭環境／情況的認識與識別
● **毫米波雷達**：使用稱為毫米波的高頻電磁波，向前面的物體發射電磁波，再使用多個接收天線，接收反射回來的訊號，並根據相對差，計算方向和距離。

● **LiDAR**：以脈衝形狀發射紅外線雷射，從物體反射回來所需的時間，測量距離。因為與雷射的機制頗為相似，有時也被稱為光學雷達或是光達。

● **聲納**：利用發射超音波，進行反射回來的距離測量。

由於來自這些車載感測器的數據，傳統上僅用於車輛控制，因此通常僅在車輛製造商的封閉區域使用。 但是，近年來，隨著遠端訊息處理技術的興起，也開始被用於汽車製造商以外的其他領域。

 ## 車載數據引爆新商機

由於行駛的相關數據和駕駛的實際狀況數據，已經可以非常詳細地掌握，所以新的商機與服務也不斷地在市場上出現。

例如，使用車輛行駛的里程數和該車輛安全駕駛範圍的數據分析為基礎，做為車險保費折扣的依據。在日本 Sony 保險已經和感測器品牌的 OPTEX 合作進行這樣的服務了。

據說，在歐洲運用車聯網行車紀錄器，作為保費計算基礎的車載資訊保險，已經約占有 20％。筆者覺得以使用和供給雙方的角度來看，這種基於安全駕駛的鼓勵或是保費的計算，都可算是最佳服務的一種。在歐洲預計到了 2020 年，應該就會有超過 30％的汽車保險，將轉移至遠端訊息處理的 UBI 車險（Usage Based Insurance，基於車輛使用狀況和駕駛行為透過雲端系統分析數據的保險）。

再者進入自動駕駛的時代，生活中除了「乘車」和「駕駛」之外，非常期待還會有更多新的車輛相關商業模式出現。在接下來的幾年，勢必還會有更多的種類感測器登場，到底是車輛還是家居市場會最先進入完全的 IoT 模式，真是非常令人好奇。

# 3.4

## 數據檢測最不可或缺的感測器

 **感測器選定要點**

到目前為止，我們由前面幾個章節，可以了解各種數據來源的裝置設備。但是當有需要蒐集新資訊的狀況出現時，還是必須根據使用目的、希望取得數據的類型、準確度、數量等，慎選合適的感測器。

例如，想要掌握人物的活動狀況數據時，那就可以使用搭載在智慧型手機上的加速度感測器或 GPS 定位系統即可。但是，如果所在位置是在沒有網路訊號的室內，就沒辦法使用 GPS 了。如果只是希望獲取活動的數據，而不是位置訊息，那就需要一個完全不同的感測器了。

如果是需要室內位置的訊息，那就不是使用感測器，而是可以連接 Wi-Fi，只要計算與 Wi-Fi 連接點間的距離即可得知。如果想掌握房間的進出狀況時，這時只要裝設紅外線感測器或將攝影鏡頭安裝到自動門上，就可以偵測人員的進出狀況了。

決定進行 IoT 使用環境時，感測器或攝影裝置的選用，會根據使用目的和測量對象的不同而有所不同。如果目的和測量目標明確時，則選擇的設備組合也會非常明確。在【圖表 3-16】，就是筆者根據使用目的，再加上「IoT 技術テキスト」（《IoT Technology 教科書》，RIC TELECOM 出版／Mobile Computing Promotion Consortium 監督）一書中所提及的各種感測器，加以整理組合而成的一覽表。

□【圖表 3-16】各種不同目的的感測器組合

| 分類 | 感測器 | 人的活動 | 空調 | 生產流程自動化產業 | 機械產業 | 汽車產業 | 農業 | 橋梁 |
|---|---|---|---|---|---|---|---|---|
| 機械量 | 壓力 | | ○ | ○ | | ○ | | |
| | 加速度 | ○ | | | ○ | ○ | | ○ |
| | 力 | | | | ○ | | | |
| | 位移 | | | | ○ | | | ○ |
| | 傾斜 | | | | | | | ○ |
| | 雨量 | | | | | | ○ | |
| 流量 | 超音波流量表 | | | | | | | |
| | 電磁流量表 | | | ○ | | | | |
| | 差壓流量表 | | | ○ | | | | |
| 迴轉／速度 | 迴轉 | | | | ○ | ○ | | |
| | 速度 | | | | ○ | ○ | | |
| 音響 | 麥克風 | ○ | | | | ○ | | |
| | 超音波 | ○ | ○ | | | ○ | | |
| 光線／電磁波 | 光線 | ○ | | | | | | ○ |
| | 影像 | ○ | | | ○ | ○ | ○ | ○ |
| | 照度 | | | | ○ | ○ | | |
| | 日射 | | | | | ○ | ○ | |
| | 紅外線 | ○ | ○ | | | ○ | | |
| 溫度／濕度 | 溫度 | ○ | ○ | | | ○ | ○ | ○ |
| | 濕度 | | ○ | | | ○ | ○ | |
| | 水分 | | | | | | ○ | |

## 感測目的必須明確

　　選擇感測器首要注意的是，必須先確定目標空間中想要感測的人、物、事物、環境等，以及對於這些目標對象，感測的最終希望輸出取得的內容，也必須非常明確。

　　例如，如果想將工廠的輸送帶設備作為感測對象，那麼感測的目的，應該是希望可以即時掌握，運作狀態的正常與否。對象、目的確定了之後，再來就

可以進行感測器的挑選。選擇感測器，應該要從輸送帶設備本身的影像、聲音、振動以及掌握電流、電壓等電力狀態的感測器著手才是。同時，還必須判斷是否，也需要蒐集輸送帶設備相關的安裝環境數據（例如：室外／室內／振動／干擾等）。此外還有感測器的供電方式和數據的通訊方式，也必須一併確認。

以下筆者根據使用目的的不同，具體歸納了相對可使用的感測器項目，並簡單編製成【圖表 3-17】以供參考。

❏【圖表 3-17】用途／目的和感測器

| 目的 | 感測器裝置 |
| --- | --- |
| 稼動狀態的掌握 | 振動感測器、電流表 |
| 環境狀態的可視化 | 溫度／濕度感測器、二氧化碳濃度感測器、PM2.5 的粉塵感測器、附麥克風的噪聲感測器，以及可偵測照明設備開關與否的光感測器 |
| 物理空間的掃描 | 光達或是雷達的距離感測器、檢測鋼骨結構的磁感測器 |
| 人的活動偵測 | 可視光或是音波的人體感測器、鏡頭感測器、信標 |
| 事與物及物料的偵測 | 重量感測器、流量感測器 |
| 人與物的狀態偵測 | 可監測發熱的紅外感測器或是溫度感測器 |
| 土地及建築物的變化偵測 | 位移感測器可以偵測土石災害前的異常跡象、掌握地震前後的建築物傾斜度 |

 **掌握機械設備稼動狀態的感測器**

使用於安裝在工廠設備的馬達故障偵測，一般會使用**振動感測器（加速度感測器）**和電流表等。

偵測方式會將加速度感測器安裝在馬達上，根據馬達的振動就可以形成了馬達狀態的可視化。偵測之前，還必須預先測量穩定運轉時段的振動和振幅，並由此計算出可容許的數值，此外還必須計算出，相關數據開始偏離規定的數值範圍之後，大約有多長時間即有可能造成故障。如此一來，就可以預先檢測出故障的跡象，並且可以適時地進行零件的更換。

同樣的方法，如果測得流入馬達的電流值，大於設計規格的電流容許值或是小於容許值時，即可確定即將會有發生故障的可能性。

❏【圖表 3-18】加速度感測器示意圖

## 環境狀態可視化的感測器

為了掌握和實現各種建築物和空間狀態的可視化，經常會被拿來使用的
有，溫度和濕度感測器，二氧化碳濃度（CO2）感測器，檢測 PM2.5 的粉塵感
測器等。

溫度和濕度感測器有兩種，一種是透過改變表面半導體元件的電阻值進行
測量，另一種是使用根據溫度和濕度產生電壓的線性變化的類比 IC 類型。二
氧化碳濃度感測器和粉塵感測器，則是運用電阻值和電壓值的改變，進行表面
薄膜上所沾附或流入物質的檢測。

噪音感測器會使用麥克風收音，並以 db 值輸出環境的音頻和音量的數值。
光感測器則是檢測環境中光的狀態，例如，藉由光電二極體的光探測器，即可
檢測出照明的開或關，再決定輸出需要的電流值。

❏【圖表 3-19】溫濕度感測器、聲音感測器、光感測器示意圖

## 物理空間掃描的感測器

在上一節中我們曾介紹過 LiDAR（簡稱光達），這款的設備主要是利用紅外線的雷射光對著空間不斷持續的照射，在計算雷射光照射到空間內的物體反射回來的時間，以此為依據，來測量與物體距離的感測器。最近的自動駕駛技術也是，根據取得的數據，再投影在模仿真實空間的 3D 地圖上，即可在自駕車的行進當中，對所處的空間進行即時偵測。

在建築工地，磁感測器通常會被用來檢測磁力的各種現象。例如偵測是否含有金屬的有無，可以透過聲音或光的回應來進行判斷，磁感測器還可以掃描檢測，肉眼無法透視的牆壁內部的鋼骨結構。

❑【圖表 3-20】磁氣感測器示意圖

## 人體活動相關的感測器

檢測人體活動的感測器，可以利用紅外線等的可見光的投射方式進行偵測，偵測到光線阻絕的部分，即為人體或物體的所在，此時就可以利用人體感測器進行掃描。當受光的部分在一定時間內，不能檢測到物體的移動所反應回來的光束時，此時即可判斷是否有人存在，同時會以二進制形式送出數據。

鏡頭型人體感測器則是一種完全不同而且比較先進的方法。是拍攝了人的影像之後，在對影像中所有人物進行檢測的感測器。

另外，還有一種是將搭載了信標之類的無線電波設備，安裝到移動設備上或是直接放在人的身上，以此來判定人體的活動。也可以利用無線電波和接收器進行偵測，因為接收器會根據所接收到的無線電波強度，計算與接收器之間的距離，以此來判定人體的活動。

❏【圖表 3-21】人體感測器示意圖

物與材料的量相關感測器

　　**重量感測器**是透過偵測物體內部的歪斜或是壓力來測量該物體的重量。與位移感應器的機制類似，根據輸出的電壓即可計算出物體的重量。

　　**流量感測器**主要是對液體和氣體的流量進行檢測。使用的方法可以利用渦漩的流向或是利用 MEMS（Micro Electro Mechanical Systems，微機電系統）感測器晶片上方空氣所引起的電阻值變化，進行檢測。另一種方法是，將加熱的**熱敏電阻**安裝在流路的多個位置。該方法使用的原理是，當在熱敏電阻上流動的流體，從熱敏電阻上帶走熱量時，電阻值會增加。在多個安裝點之間進行測量，即可根據溫度降低的速率，計算流速。與其說是一個感測器的檢測，不如說是一種，實現了以感測器的數據輸出為基礎，進行計算和測量的一種檢測方式。

❏【圖表 3-22】熱敏電阻器示意圖

## 偵測人體與事物狀態的感測器

　　紅外線感測器用於檢測和感測人體的活動。可以偵測並了解人或事物的哪個部位有多少熱量。隨著溫度的上升，發射出來的紅外線強度（能量）也會逐漸增加。所以透過感測器的使用，再將紅外線的能量進行轉換處理，即可知道人和物的表面溫度。

 ## 偵測土地與建物變化的感測器

　　土石流的發生，經常是因為在極短的時間之內的超大雨量所造成的。但是，原因並不單純只是暴雨而已，而是當土壤中的水分長時間增加時，也會發生這種的情況。應變計（位移感測器）就常被用來做為預防的措施之一。

　　在可能會發生土石流的山林中，可以在一定的間隔距離安裝應變計（Strain Gauge），以便可以時時偵測山林的斜坡，以防一定數值以上的變形。也可以藉此，掌握土石的含水量所引起可能的地面傾斜和土石的俯衝，並可以檢測預知土石相關的可能災害跡象。

　　應變計主要是利用在絕緣體上加上金屬電阻，電阻值會因為施加到絕緣體上的外力而產生變化。根據電阻值的變化輸出電壓或電流變化的數據並轉換為位移值。

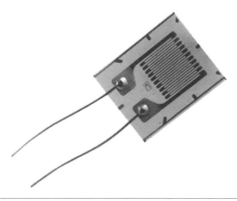

❏【圖表 3-23】應變計（Strain Gauge）示意圖

# 感測數據的具體案例與應用

 **感測數據屬於波形數據**

到這裡我們已經介紹了各種不同的感測器類型，以下我們再來看看，由感測器設備傳送過來的各種數據。所謂的感測器數據，實際上是感測器透過電氣方式或是物理方式所接收到的刺激或輸入，形成電流或電壓的變化輸出而成，如果不進行任何處理，通常只會是接收到波形數據而以。

以下我們將介紹最具代表性的溫度感測器和振動感測器所形成的主要波形數據，並說明如何應用以達最好的效用。

 **溫度感測器的數據**

溫度感測器有各種各樣的類型，車輛中最常用的是熱敏電阻，是一種利用電阻值會隨著溫度而產生變化的陶瓷半導體感測器。由於熱敏電阻的電阻值會隨溫度的快速變化而形成曲線，因此需要經過線性化才可以用作為溫度感測器。

近來經常廣被使用的 IC 溫度感測器，主要是會根據溫度的上升而造成電壓的升高。特點是不需要線性化處理，就可以直接使用感測器的輸出數據。電壓值會根據溫度的變化而產生變化，數值也是直接輸出使用。所輸出的數據，就是根據每個感測器的關係算式所計算得出，算出溫度的相對數據。【圖表3-24】就是顯示電壓和溫度之間的關係圖表示例。

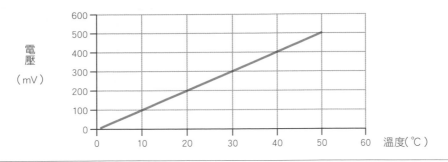

❏【圖表 3-24】電壓與溫度的關係

##  振動／加速度感測的數據

【圖表 3-25】顯示的是，偵測振動的加速度感測器的典型機制。

**加速度感測器的內部結構**

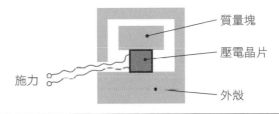

質量塊

壓電晶片

施力

外殼

❏【圖表 3-25】加速度感測器的結構

　　【圖表 3-25】的感測器，稱為**壓電晶片型加速度感測器**。具有壓電性的物體（稱為壓電體）上施力時會產生分極化，這種產生電壓現象就是所謂的**壓電效應**，加速度感測器就是一種利用這種壓電效應，進行偵測振動和加速度的感測器。

　　下頁的圖表則是，由壓電晶片型加速度感測器所輸出的波形數據的範例圖。振動發生時，會將振幅變成電壓值輸出，特點是振動時會畫出一筆一筆的刻度，形成振動的可視化。

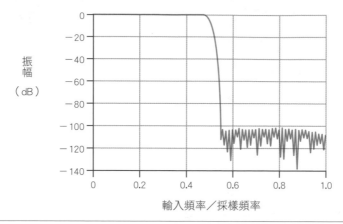

❏【圖表 3-26】壓電晶片型加速度感測器的振動偵測波型示意圖

 GPS 的所在位置資訊

　　透過 GPS（Global Positioning System，全球定位系統）獲取所在的位置訊息，已經是一種被廣泛地運用於汽車導航系統和行動電話的手法。儘管這個方法與原始的感測器略有不同，但對於物體位置的追蹤和定位等的使用方式與一般的感測器相同。

　　【圖表 3-27】所顯示的是 GPS 的基本機制。透過上空的 4 顆衛星接收訊號，不但可以讀取每顆衛星之間的距離訊息和時間，還可以定位地球上的所在位置。

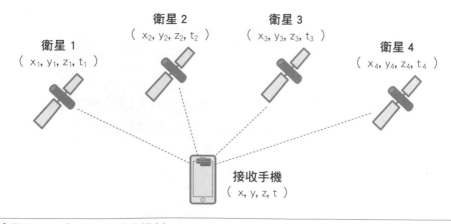

❏【圖表 3-27】GPS 的基本機制

算出的所在位置訊息（緯度／經度）和時間標記（也就是時間）也是藉由 GPS 模組進行輸出。這種將訊息投射到地圖上，並加以應用的方法，已經是一種很常見的手法。

❏【圖表 3-28】地圖顯示的所在地位置訊息示意圖

 光學鏡頭獲得的數據處理

相機通常會被認為是為了捕捉影像的攝影設備，而不是感測器。但是，數位攝影機的心臟核心部分是捕捉影像的 **CMOS**（Complementary Metal Oxide Semiconductor，互補式金氧半導體）**影像感測器**。如果以這個角度看來，攝影機當然也可以說是感測器設備。

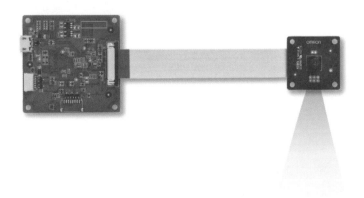

❏【圖表 3-29】歐姆龍的相機模組（HVC-P2）

攝影機如果透過了結合影像處理的軟體，當然就不是僅限於輸出影像的攝影機，也可以是用作各種用途的感測器設備。利用攝影機的高解析度，也可以提供例如人臉辨識、車輛辨識、動態分析等一些既有的感測器功能的偵測。此外近年來，一些很難用人眼進行測量和監視的追蹤也變的可能，例如光譜反射的植被分佈和污染狀況的觀察等。光學鏡頭是非常有望成為未來能被廣泛應用的一種設備。

##  感測數據的應用模式

在本章節，我們介紹了一些來自重要感測器的數據，而這些感測器所獲取的數據相關應用，也有幾個典型的模式。

例如，透過一段時間的數據累積後，再加以統計處理，就可以很容易地掌握隨時間變化的趨勢值，進而預知、預測未來可能產生故障的時間點。還有透過持續的監控，可以在超過特定臨界值時發出警訊。另外，透過識別感測器所輸出的波形圖，可以發現特定的操作或設備可能產生的缺陷或不良。

我們在第 4 章還會進行詳細說明，但是在這個章節，我們已經很清楚地可以了解，透過各種感測器數據的應用，確實可以適時地掌握從前很難用肉眼看到的環境和狀態，即時掌握機械設備的稼動狀態並且做出即時的應對。這些應該是感測器數據應用的最大優點。

# IoT 數據的蒐集、儲存等基本作業與應用流程

# 4.1

## IoT 數據的特徵

### IoT 系統所取得的相關數據

到目前為止，我們已經解釋了 IoT 系統和感測器設備的整體概念。在這個章節，我們將介紹有關 IoT 系統所接收的數據特徵以及處理方式。

IoT 系統所接收的數據類型有非常多種，但總括來說，具有以下五點特徵。

① **數量：** 數據量不但龐大持續增加
② **數據類型（標準／規格）：** 裝置設備和 Gateway 的標準非常多樣，所處理的數據的格式和準則、數據類型也不同。
③ **干擾：** 感測器的裝置位置和通訊環境的訊號干擾，經常是不可避免。這些斷斷續續的干擾，也經常容易與接收的數據混雜，或是造成數據的缺損。
④ **時間遲延：** 會因為通訊狀態的不同，可能造成數據接收時間的遲延，或者也可能會因為系統中建置的多個裝置設備，設備之間的接收時間不同而產生誤差。
⑤ **追加或更改：** 取得的數據可能會頻繁地增加或是修正。

以下我們將針對每項特性詳加說明。

### 特徵一：數據量持續增加

IoT 數據的第一個特徵，就是大量而且**持續增加**。即使只有一個的數據系列，數量就非常可觀，更何況是一個搭載多個感測器的感測記錄，數據量就會多更多了。以下我們可以來看一個有關歐姆龍所販售的可以測量 7 種感測器數據的環境感測器。

❏【圖表 4-1】歐姆龍的環境感測器（2JCIE-BL01）

　　該感測設備大概只有手掌心的大小，實際尺寸大約只有 5 cm 左右，以下就是該設備可以感測的數據。

● 溫度　　　　　　　　　● 聲音（噪音）
● 濕度　　　　　　　　　● UV（紫外線量）
● 照度（亮度）　　　　　● 加速度
● 壓力

　　只要將這個感測設備安裝在房間，僅僅一台即可以隨時偵測環境的舒適與否。但是，由於這個設備內部同時搭載了 7 個感測器，所以要取得的數據的類型會很多樣，當然數據量也很大。

　　另外，這個環境感測器設備，還配備有 BLE 的通訊功能，所取得的數據也可以隨時進行傳輸。傳輸的間隔時間可以在 1 ～ 3600 秒（1 小時）之間任意設定，因此可以根據各自的目的進行設定。

　　例如，如果將這個設備安裝在會議室進行會議室亮度的偵測，時間間隔設定在 10 分鐘的話，應該也不至於造成任何問題。但是，如果將這個設備安裝在工廠執行遠端機器周圍溫度的監控，這時的間隔時間可能要設定間隔 1 秒就要取得一次數據。當然數據量會因為傳輸間隔時間的不同，數據量的變化也會很大，但是並不會改變感測器設備持續傳送數據。

另外，IoT 系統的數據傳輸，也並不限只能使用一台設備來進行傳送。如果是會議室的話，可能會在每個會議室安裝；如果是工廠的話，也可能安裝在每一台機械設備上，通常也都是在所有會議室和機械設備上安裝。也由於一台的設備通常會搭載多個感測器，因此蒐集的數據量，也會與搭載的感測器數量和要蒐集的數據系列數量成等比增加。

大多數的 IoT 系統，數據量的不斷增加是毫無疑問的。因此，如何有效的控控制這些龐大的數據量都會是個大課題。如果感測器設備能有較好的功能、或是可以編寫程式的話，那麼邊緣運算可能會個很好的選擇。

例如，我們可以假設一個場景，想要在工廠的設備上安裝一個可以監控周圍環境溫度的感測器，當溫度超過臨界值時，即可顯示警訊。在這樣的設定下，數據的傳輸僅會在數據超過臨界值時才會執行。所以只有在數據異常產生時，數據才會被發送、儲存，因此與沒有任何設定而儲存所有感測的數據量相比，這樣經過程式編寫設定的數據量必定會減少許多。也可能設備無法追加編寫臨界值的設定，這時也可以試著在 Gateway 的邊緣端做處理。

如果不能在邊緣端做預先處理的話，那麼設備也只能不斷地將數據傳送出去。因此，有必要建立一種機制，就是如有異常數據進入雲端時，就要採取相對的措施。

當感測器設備將所偵測到的數據大量且源源不斷地釋出時，如果不能對這些數據進行一些預先的處理，那麼這麼大量的數據全部都要儲存嗎？還是只留取需要的部分其他就丟棄？這些在系統設計的時候，就必須都要先做好規畫。

基本上，IoT 系統發送的數據是連續而且不斷的增加。因此，的確是有必要考慮減少數據量，也可使傳輸更具效率。

 **特徵二：各式各樣的數據混雜**

IoT 系統數據的第二個特徵是**各式各樣的數據混雜**。因為 IoT 的裝置設備和 Gateway 的產品非常多樣，每種產品可能都有不同的通訊標準。裝置設備和 Gateway 的標準不同，意味著數據的傳輸格式和協定也不同。

通常在系統開發之時，針對建置的系統要準備接收感測數據，在系統中需

要先做好以下的定義：「何時」、「從哪裡開始」、「在什麼時間點」、「採用什麼格式時」等。主要是因為 IoT 系統中，數據定義取決於所連接的裝置設備。此外如果中途要追加設備時，有時還必須處理不同標準的數據。

例如，有關偵測溫度和濕度的日本機器設備，規定是以攝氏為單位，但某些國外的感測器設備則以華氏為顯示單位。另外，根據設備的不同，有些只能以二進位制（0 和 1 的兩個值）來進行數據的蒐集，有些又只能以圖像數據來接收。對於圖像數據，圖像格式的類型也有不同，是 JPEG 還是 PNG。

還有，各家公司之間的數據通訊協定也有所不同。這點對於想要實現通訊協定之間的互通性和數據管理的智慧工廠而言，可以說是一大瓶頸。以數據的通訊協定而言，在日本有三菱電機推動的 CC-Link、Modicon 的 Modbus，但由於格式的不同，一樣是存在無法相互連接的問題。

所以，現實環境中為了連結各種各樣的裝置和設備，也就必須並行處理不同的數據類型和協定。隨著裝置設備的增加，物聯網系統也可能需要再增加新的數據類型的處理。因此，重要的是建立一種靈活的機制，以便可以處理任何格式所發送的數據是非常重要的。

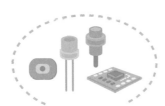
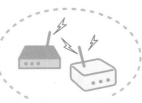

不同的數據種類
不同的數據格式
不同的通訊傳輸協定

不同的感測器產生不同的
數據類型
不僅有數值的數據，
還會有如圖像等的各種數據

不同的 Gateway 規格
（數據的過濾功能等）

裝置設備和 Gateway 都各有不同的標準，
所以所傳送來的數據格式和通訊協定也是各式各樣

❏【圖表 4-2】不同類型的數據必須同時並行處理

## 特徵三：數據常會混入雜訊

　　IoT 數據的第 3 個特徵，就是**數據常會有雜訊的混入**。 IoT 數據的干擾雜訊，有時是數據缺損、有時是中間產生斷訊、有時又有空白數據的產生。原因各式各樣，包括網路的不穩定、裝置設備的故障和設備安裝環境等的問題都有可能。

　　如果這些被稱之為**異常數據、垃圾數據、不良數據和不完整數據**等混雜了雜訊的數據持續累積的話，就會帶來以下兩個主要問題。

　　一是這些無法使用的累積數據，容易造成通訊費用、記憶體、和存儲容量的浪費。由於 IoT 數據具有量大的特性，因此一個可以預測未來儲存量的資料庫的設計非常重要。可是，即使結構的設計具有儲存和處理大量數據的能力，也不必累積這樣無用的數據。

　　二是數據分析問題。偏離正常值的數值，可能會導致整體分析的不正確。因此，必須要將這些極端的偏離數值去除。如果蒐集的數據將用於現實的可視化世界，當蒐集來數據不正確時，在進行數據分析時，很清楚地一定會導致錯誤的結果。

　　此外 IoT 系統所蒐集來的數據，並不僅限於用在 IoT 的應用，現在的數據可能將來還會再拿來應用，當然也會可能回溯使用過去的數據。現在這個階段，可能還未將 IoT 的數據和 AI（Artificial Intelligence，人工智慧）連結在一起，但是相信不久的將來，IoT 系統應該會引進 AI，那麼長時間所累積的過去數據，即可成為 AI 的學習數據。到了那個時候，如果累積的學習數據不正確的話，那麼就很難提高 AI 的準確度了。

　　雖然也有人說，現在的通訊環境和存儲成本都在大幅地降低，有數據就儲存起來應該也沒問題呀！但是一些異常偏離的數據（例如缺損值）。筆者還是認為沒有儲存的價值。如果真要儲存的話，最好還是先去除雜訊比較好。

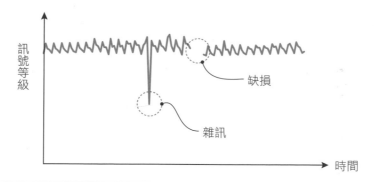

訊號等級

缺損

雜訊

時間

❏【圖表 4-3】數據的雜訊及缺損值的概念圖

##  特徵四：數據容易出現時間上的遲延

　　IoT 數據的第 4 個特徵，是存在**時間遲延（時間和時序的延遲）**。造成 IoT 遲延的原因有以下 2 種類型。

　　一是：通訊的網際網路連線過程，所造成的**網路遲延**。IoT 將數據從設備端發送到雲端，在某些情況下，發送數據在發送之前會在邊緣端先行執行處理。因此，即使是即時蒐集的數據，也會由於通訊網路的狀態和諸如 Gateway 等的邊緣端處理，送到雲端的數據也相對比較延遲。對於沒有時間急迫性的應用程式來說，這些都不會造成問題，但對於需要立即回應和做出判斷並可能危及生命的應用程式（例如：醫療系統和機器的自動操作）而言，這將是一個嚴重的問題。所以遇到此類的應用時，一定要謹慎設計，以免造成時間的遲延或是因為遲延產生應對延遲的問題。

　　二是：某些裝置設備造成時間的遲延。各種搭載著感測器的裝置設備，會連接到 IoT 系統，而這些的裝置設備**內部設定的時間可能與 IoT 系統略有時差**，所以就可能產生時間的誤差。另外，如果連結的設備較為多數，有沒有統一的時間設定也會是問題點。在這種情況下，就非常有可能在錯誤的時間執行數據的蒐集。

像這樣可能導致時間遲延的 IoT 數據，如果先不看連接設備的「數量」、「標準」和放置的「環境」，那麼接收數據時「時間」就成為非常重要的因素。因為數據取得之後有可能會先歸納而後才進行數據的分析。

假設現在想要對機器故障的預測進行數據的分析。在這種情況下，有必要分析機器故障時周圍設備和環境的狀況。因此，如果在同一個時間點，如果每台設備所顯示的時間不同，那就不大可能找到正確地相關因素。IoT 數據在處理分析時，對於設備之間的同一時間設定必須非常謹慎。

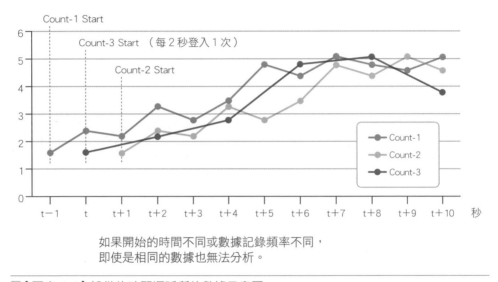

如果開始的時間不同或數據記錄頻率不同，
即使是相同的數據也無法分析。

□【圖表 4-4】設備的時間遲延所的數據示意圖

 ## 特徵五：對於數據量的追加和變更會非常頻繁

IoT 數據的第 5 個特徵，是**數據類型的增加**。IoT 系統建置後，對於裝置設備的追加和更改可能會頻繁發生。隨著裝置設備的變化，應用也隨之不斷地強化，這也正是 IoT 系統的特徵，也是 IoT 系統之強項之一。

例如，嘗試從裝置設備取得數據之後，並進行數據的分析和可視化的顯示，這時如果發現有需要改進之處，可能就會再增加新的感測器，進行新的數據蒐集。另外，近年來，影片的處理技術一直在進步中，利用圖像和影片數據

的分析方法也一直在增加。因為技術不斷地進步，所以數據處理的方法也在演進。除了目前數據的可視化，愈來愈多的企業已經開始嘗試下一步遠距監控的方法，如果條件符合的話，就不需要藉由人為的操作，即可進行遠端的監控。這些都是超越以往的做法，可以將過去到現在所儲存的數據，再重新加以組合分析、也可以針對機器設備進行遠距監控，也可以說是 IoT 系統的另一個新階段。

透過這樣的方式，與傳統的核心系統相比，IoT 系統可以說是一種不斷求新求變的系統。這也意味著，需要頻繁地添加或是更換新的感測器等設備。換句話說，與系統設計的一開始便需要確定的「結構化」、「標準化」和「正規化」數據不同，因為新數據會愈來愈多。

由此看來，對於將來可能會添加何種感測器，完全是無法預先定義。所以，重要的是必須建置一個不受任何標準設備以及數據量、數據類型限制的系統。

 ## 數據愈多，應用範圍愈廣

到目前為止，我們已經說明了 IoT 數據的五個特徵。這些與 M2M 等傳統系統相比，連接到 IoT 系統蒐集數據的裝置設備會比較分散。而且，連結的設備數量也不受限制。可是安裝的感測器愈多，並不等於一定可以成功進行數據的應用，但是蒐集的訊息愈多，可以使用的範圍一定會更廣。

如果想要檢視這個數據和那個數據有什麼樣的關聯性，那就要有必要儘可能的蒐集較多的數據。現在的 IoT 系統，隨著業務模式的變化和擴展，隨時可以增加數據蒐集的設備，數據量也當然也會愈來愈龐大，這些數據都可能可以開闢新的商業模式。

接下來，我們將研究如何處理這些大量的 IoT 數據。

# 4.2

# IoT 數據由蒐集到匯總的流程和要點

 ## IoT 數據的蒐集和應用

　　在上一章節中，我們說明了 IoT 數據的特徵。而在這個章節，我們將解釋蒐集 IoT 數據時的要點以及蒐集之後如何進行數據的應用。

　　在考慮這些具體的 IoT 數據應用之前，我們先整理一下以下的基本問題。就是「IoT 數據的應用跟以前傳統的核心系統的數據應用不一樣嗎？」筆者認為，答案應該是，應該可以在傳統的數據之上，再根據 IoT 數據的特徵互相結合相互應用。

　　所謂傳統的數據，是由核心系統根據需求定義，進行適當的設計產生具有結構性、標準化和正規化的數據。至於應該如何使用，則是應該搭配使用目的和有計畫的處理方式。傳統上所使用的數據，通常都是根據過去發生的事實進行設計的比較多，類似這種引用過去數據的系統，就有人提出了所謂的 Systems of Record（SoR，記錄系統）。 SoR 所使用的數據是可以藉由類似 Access 式的 RDBMS（Relational Database Management System，關係型資料庫管理系統）和類似行列表格式的 Excel 式軟體進行處理。SoR 主要就是用於如何分析此類的傳統數據。

　　在 IoT 系統中，隨著設備的增加，當然所獲取數據也會隨之變化，所以系統設計時，有必要多考量一些與常規的數據處理較為不同的處理方式。除了常規的數據應用之外，可能還必須考量適時地加入開發一些可以因應不斷變化較為靈活應用技術。

　　另外，IoT 的數據應用目的，也與傳統的不同。因為可以根據過去的曾經發生的狀況，進而對未來進行預測，適時地向客戶、市場和設備提供即時的回應，這樣的協助變得愈來愈受歡迎。最近就有一種稱為「Systems of Engagement」（SoE，互動系統）的服務，就是透過這樣的數據應用，建立起與人之間的關係，而且了解客戶反應的系統。將來如何結合 SoR 數據和 SoE 數

據，進而建立一個更高階的管理模擬模式，也是一個很重要的趨勢。

傳統的數據應用　　　　　　　　　　　　IoT 的數據應用

重要的是將 Systems of Record 的數據與 Systems of Engagement 的數據相結合，以建立高階的管理模擬模式。

Systems of Record

Systems of Engagement

❏【圖表 4-5】IoT 數據應用的思考方式

因為如此，雖然說對於使用目的的變化，應該要更靈活的應對，但是數據的應用和應用本身的流程與過去並沒有太大不同。 也就是如下圖所示：蒐集、儲存、整形、整合、分析、可視化和驗證等一系列的流程和所得結果產生的回應這樣一連串的步驟。

整合

分析

整形

可視化

儲存

驗證可視化的結果，
檢討是否再蒐集其他數據之後，
再反映給蒐集階段

驗證

蒐集

❏【圖表 4-6】數據應用流程

以下我們將從 IoT 的角度，依序看看在每一個流程中，我們需要做些什麼以及需要留意的要點。 本章我們會介紹從數據的蒐集到匯總的四個過程。而在第 5 章，則會先介紹數據分析後的步驟。

**蒐集：關鍵在於感測器數據的傳輸格式**

數據應用的第一步，當然就是需要**蒐集**數據。如第 3 章所述，IoT 會不斷地記錄來自各種感測器的數據。與感測器相連接的可以是 BLE，也可以直接連接到電腦載板（Board Computer）或 Gateway。

為了要連接感測器，在電腦載板（Board Computer）或 Gateway 上還必須安裝驅動程式的軟體，同時必須確定，計畫多久蒐集一次數據和數據的蒐集格式。連接到感測器設備之後，還需決定所蒐集的數據是一次性地存儲在本地端的 Gateway，還是將蒐集的數據，以流動數據的方式按原樣傳送出去。

數據的蒐集首先應該考慮的是，蒐集頻率也就是週波數。如果週波數過於密集（例如每秒一次）所獲取的數據，如果根據 Gateway 的規格，可能會造成溢滿（Overflow）現象，並且可能無法獲取數據。筆者也經常接到企業客戶的要求，說他們想要即時的數據，但是事實上除非有很大的需求，實在是沒有必要一定要在非常短的時間內（例如每秒）取得數據。筆者認為在現實上，每 10 秒一次甚至每分鐘一次，都是非常適合也可以滿足使用目的的頻率。

接下來是如何將在設備端所蒐集的數據發送到雲端。IoT 經常使用的數據格式包括 CSV、XML 和 JSON。這些都是網際網路通訊較為常用的格式，其功能特性將在下一章節中說明。

有關於數據的格式，讀者看來說不定會覺得是一個微不足道的小問題。但是由於 IoT 的數據是屬於連續而且大量，所蒐集的數據量又與網路的使用成本成正比，所以數據的蒐集格式相對就顯得重要了。

同樣重要的還有感測器設備所取得的數據，是按原樣發送到雲端呢？或是在設備或本地端 Gateway 上，先做一些預先的處理再行發送呢？如果是在本地端處理，就必須要有相對的反射性應對的系統，此時就可以採用邊緣運算。像這樣傳送之前，先在設備端做預先的處理，再將資料發送到雲端的傳輸方式，還可以降低網路的使用費用。

## 儲存：海量的數據應以易於連續檢索的形式累積儲存

所蒐集的數據發送到雲端並**儲存**。IoT 產生海量般的數據，絕對是不可避免的事實，所以有必要好好地思考一下如何的儲存保管。

在 IoT 中，數據是一個接一個的傳送過來再累積儲存，很少會對已經累積儲存的數據進行更新。而且除非預先設定了固定的存取時間，否則通常都是有必要時，才會進行數據的檢索，也大都會指定時間範圍，進行相關訊息的提取。換句話說，即使必須進行數據的檢索，也很少會在數據累積儲存之後，再進行變更或修改。而且，累積的數據，基本上不會丟棄，這是因為當 IoT 系統，需要增加 AI 的功能，並且需要進行機器學習時，這些過去的數據就非常重要。

從上述的說明可以看出，以易於檢索的形式存儲 IoT 數據，實際上是非常重要的，除此之外，最好還能夠以處理各種數據的靈活結構進行存儲。在上一段所介紹的 RDBMS，就可以達到數據累積儲存的結構化、標準化和規則化這樣的要求，還有適用於原樣累積數據的 NoSQL 類型數據庫，同樣也適用於這樣的操作。下一段我們將會說明 NoSQL 類型的數據庫。

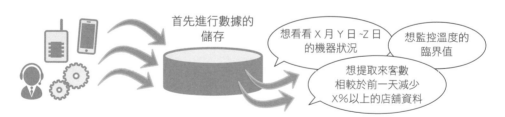

首先進行數據的儲存

想看看 X 月 Y 日~Z 日的機器狀況

想監控溫度的臨界值

想提取來客數相較於前一天減少 X%以上的店舖資料

事先並未設定數據的固定提取，但必要時想要就提取

❏【圖表 4-7】IoT 數據資料儲存和應用特徵

**整形：資料數據應整理去除雜訊成為無干擾的可利用數據**

提取和應用累積的數據時，數據必須先進行**整形**。所謂整形是因為數據從裝置設備傳遞過來，與直接存儲的 IoT 數據可能屬於不同類型，也可能夾雜了大量干擾雜訊。因此，想要成為隨時可以檢索的數據，就必須先經過「整形」，這種整形也稱為數據清理（Cleansing）。據說數據應用的 80%，是屬於包含數據清理在內的準備作業，可見數據的整形有著很重要的角色。數據清理也的確是一個非常基礎的過程，因為這個過程的嚴謹與否，高度影響之後數據判讀的準確性。

需要進行數據清理的情況有以下各點：以下的案例數據，都應將其視為相同的數據，但由於細微的差異，可能會將被視為不同的數據。這樣的問題不僅會在發生在 IoT 系統，也會發生在傳統的業務系統。例如，我們可以看一下客戶管理數據庫中的客戶名稱。以下的客戶名稱均指同一個實體，但由於記錄的全形、半形和空格的差異，因此被視為不同的客戶名稱。

● **株式會社 Uhuru**：基本的符號寫法
● **株式會社　Uhuru**：中間留一個全形空格
● **（株）Uhuru**：括號使用全形
● **(株)Uhuru**：括號使用半形

上述的所有這些數據名稱，必須清理為相同的數據。否則，數據分析的結果必然不會正確，但 IoT 數據卻具有難以自動執行清理的特徵。如果是屬於業務性質的數據，公司名稱上即使沒有「株式會社」這幾個字樣，單純以相同的名字數據來看也可以判定很可能是同一家公司，因此可以透過編寫程式來執行清理的工作，可以算是半自動化。此外還有許多易於使用的 ETL 工具 [1]。

另一方面，IoT 數據通常是一連串的數值列表，很難判斷正確或是不正

---

1  ETL 為 Extract（抽取）、Transform（轉換）、Load（裝載）的縮寫。 是一種由多個系統提取數據並進行轉換和處理的軟體。

確。所以通常會設定一個正常值的範圍進行清理，只要是明顯超出該範圍的數據，就會被視為異常，進行清理排除。但這些超出正常範圍的數值，也不一定就是干擾數據，也有可能是必要的訊息。除非可以很明確排除網路的通訊不良或是設備故障可能造成的干擾雜訊，想要達到數據清理的自動化還是很困難。

話說數據需要清理，但 IoT 系統中類似此類「異常數據」還真的不能隨隨便便就丟棄。無論是空白值或突出值，都有可能表示該段數據隱含的問題。我們曾在第一章 1.5 節中解釋「數位身分」是 IoT 的目標，主要是希望可以達到隨時掌握作業現場的實況，並且可以進行遠距監控。這個「與平常不同的數據」也很可能是傳達了作業現場的情況，因此絕對無法輕鬆地進行清理或刪除。

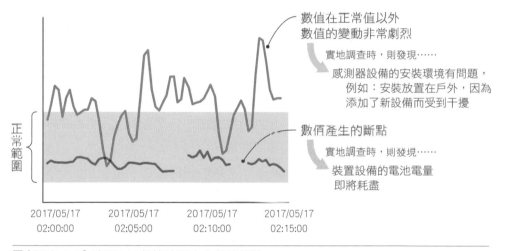

□【圖表 4-8】清理 IoT 數據時要小心數據雜訊

為了判斷是否為可以刪除的干擾數據，此時則必須釐清，為何會出現此類數據。如果是因為感測器的連結設備發生故障所導致的異常值，那就是不可清理的必要數據，但如果是因為感測器設備故障所造成的異常數據，那就是需要清理的不必要干擾數據。確定是否為干擾數據的一種方法，是安裝多個感測器，並將這些感測器的數據相互比對。如果懷疑的網路問題所產生的空白值，則可查看同一網路，所連接的感測器數值是否也都存在空白值，如果所有的感測器設備都有空白數值的話，則明顯可以確定是網路異常所造成。

IoT 還有一個可能造成通訊干擾的特有原因，就是裝置設備電池電量的耗盡。IoT 設備的建置經常是安裝在沒有電源的地方，因此，電池電量即將耗盡消耗所造成的異常值還很常見。所以要解決這個問題，最好就是透過定期檢查設備的狀態和剩餘的電池電量。

清除此類干擾的 IoT 數據時，的確有很多的可能需要考慮。所以在考慮清理這些雜訊干擾之前，具體來說，應該先採取一些物理性的措施，例如「確定感測器遠離引起雜訊干擾的設備」和「對於造成干擾的設備進行電磁干擾保護」。此外還必須透過「比較多個感測器同時獲得的數據」和「檢查感測器設備本身的運行狀態」，如此的驗證，才能確保建置一個不大可能混入雜訊干擾的環境。此時如果仍然有雜音產生，那就真的應該加以清理了。但是，如前所述，清理 IoT 數據時還是必須格外小心謹慎。

 ## 匯總：根據目的，匯總連結各種不同的數據

數據清理之後，下一個步驟就是進行匯總了。為了達到使用的目的，一定是要匯總所有多個感測器設備所蒐集的數據，之後再進行數據分析。這個想法有一個重點是，匯總的數據並不僅限於 IoT 所取得的數據，還會包括企業所擁有的核心系統數據（Systems of Record）和其他企業所發布的開放資料，都是匯總的重點。

計畫建置 IoT 系統時，通常企業內部早有一些系統，例如傳統的核心系統等，應該已經在企業公司內部運作，而且許多企業也正在儲存累積這些數據。計畫建置一個新的 IoT 系統，很自然地會非常關注新設備所能蒐集的數據，但是現有和已存的數據，也是一樣重要。因為為了分析和可視化數據，在很多時候現有數據和新數據的相互結合是非常必要的。

IoT 數據的應用計畫項目，即使起初的目的是很簡單，但隨著持續不斷的發展，原來的目的也可能變得更加多樣化。因此，了解企業內部使用哪些系統以及擁有什麼樣的數據就非常重要。這些對於建置一個可以適用於各種目的的數據存儲系統和可以相互連結的應用程式都會有很大的幫助。

還有一點需要特別說明的是，在針對 IoT 數據、現有的企業內部數據以及

來自其他企業的數據，進行蒐集和累積時，有一個關鍵要點是，這些數據不要一起匯總到單個系統或數據資料庫，應該要透過一個 Interface 進行連接才是一般的做法。如果有對方系統所公開的應用程式介面（Application Programming Interface，API），那就應該使用 API 進行連接、建置數據匯總的環境。最近這樣的連接方式也正以驚人的速度增加。

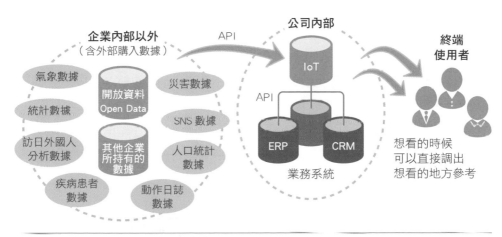

❏【圖表 4-9】IoT 數據、企業內部數據、企業以外的數據可以藉由 API 匯總

 **外部資料的應用**

　　近年來，大部分的企業愈來愈能意識到，僅憑內部數據是不夠的。使用企業內部僅有的數據是很難提高模擬的準確度，也很難看到數據所提示的模擬事實。因此，由企業外部取得大量數據的方式也變得愈來愈普遍。例如：政府公告的統計訊息、每個地方政府所公告的計畫項目等的開放資料、便利商店的POS 資料、各個地方區域的氣象資訊等、還有向其他企業購買資料再加以應用的方式，也變得愈來愈普遍。

　　例如，如果想針對商用車的使用狀況進行管理時，除了運行數據之外，還可以提供車輛行駛所到之處的區域特性等相關資訊，也可以在 SNS 上發布即時的報導、再結合其他公司的資料訊息達到更完整、更精確的管理操作。

　　因此，IoT 系統必須要非常靈活，以便將來如果有新的數據應用，也可以

輕鬆連接。

 ## 開放資料（Open Data）的利用

政府的公開資料查詢中最具代表性的網站就是：號稱資料目錄網站的DATA.GO.JP。

該網站所提供的資料，都是可以適用於機器判讀的數據格式，還可以進行二次使用，不但有訂定了使用規則的數據、還蒐集了各個地方政府所公告的資料等。日本最近也慢慢開始開放政府所持有的資料，並且鼓勵大家積極使用。

另外還有一個例子就是所謂的**區域經濟分析系統**（Regional Economy Society Analyzing System，RESAS），主要是朝向振興地方經濟，設置城鎮、人、工作事業等相關的創造總部系統。目的是希望日本的都道府縣乃至鄉鎮町村等的各地政府，都能夠根據客觀的資料，掌握該地區的現狀和問題，即使不

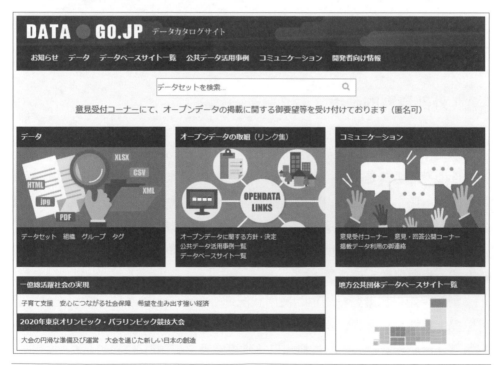

❏【圖表 4-10】提供開放資料（Open Data）的「DATA.GO.JP」（http://www.data.go.jp/）畫面

是公務人員，這些資訊也可以提供許多功能以供大眾使用。

這些的資料還可以鼓勵每個區域，自行分析自己地方的優劣勢和問題所在，進而考慮解決方案的工具。透過這樣的做法，不再是從前只憑「直覺」、「經驗」、「信念」的**官僚作風**，而是有望可以朝向根據客觀數據的**實證制定政策**（Evidence-Based Policy Making，EBPM）的決策方式。

根據 Innovation Nippon [2] 2016 年的報告，以這種方式穩定利用開放資料的運作，每年可以為日本帶來大約 180 至 3,500 億日圓的經濟效益。

□【圖表 4-11】區域經濟分析系統（https://resas.go.jp/）

 ## IoT 數據的應用絕非是把系統「做好就好」

IoT 數據的一系列過程，我們已經將由蒐集到匯總做了詳細的說明。每個過程都很重要，但是最重要的是，如何才能有效且全面地蒐集和積累到由目的反推回來的高精度的數據。也因為如此，數據的蒐集和累積絕對不是「有做就

---

2  日本國際大學 GLOCOM 和 Google 於 2013 年，在日本全國各地共同發起一項日本 IT 應用的創新活動。

好」，而是必須經過 **PDCA**（Plan-Do-Check-Act，計畫—執行—檢查—行動）的循環機制。特別是，有必要持續透過這樣的反複試驗，來驗證安裝了何種感測器、如何安裝、蒐集了何種數據，以及是否需要在邊緣端進行的預先處理等。從概念驗證（Proof of Concept，PoC）的角度，也必須經過想這樣多次的重複驗證。

還有「成本」觀點也很重要，這點絕對不可忘記。由於 IoT 系統是以連接網路進行通訊的機制為前提，因此牢記通訊費用這件事絕不可輕忽。通訊費用一定是要保持在預算範圍之內。添加裝置設備時，除了設備本身和維修的費用之外，還要注意數據作業時所需的營運成本。所以請牢記以下原則：隨著蒐集的數據量增加，營運成本也會增加。

為了更有效地應用 IoT 系統，有必要持續不斷地蒐集和積累更準確的數據。另外，還有必要建立一種靈活的機制，無論使用目的產生如何的變化，這些所蒐集的數據都可以派上用場。

# 4.3

# 數據由蒐集到匯總的技術支援和基礎架構

 **IoT 數據可以轉換為可用資料的技術**

在前幾個章節，我們談了有關 IoT 數據的特徵和數據應用的基本過程。

IoT 系統隨著 PDCA 的循環機制，基本上勢必會產生應用上的變化和擴展，因此無法明確定義在初始建置架構時，將來會如何使用數據。相反地，就是因為沒有明確定義如何使用數據，靈活的數據應用才成為關鍵的重點。因此，靈活的數據格式和累積存儲的方法也相形變得重要。

在本章節中，我們將介紹數據由蒐集到匯總的整個過程中，支持建置靈活 IoT 系統的技術要素，和一些必要的重點。

 **邊緣端的資料處理到底在何處？**

在 IoT 系統，無論以何種形式進行傳輸，都必須將在邊緣端的數據送到伺服器（雲）端。傳輸的方法大致可以分為以下兩種。

● 透過每個邊緣端（裝置設備）連接到伺服器的方式傳送數據
● 透過 Gateway 匯總邊緣端的多個設備所蒐集數據，再將數據傳送到伺服器端

Gateway 負責匯總來自各種裝置設備的數據，轉換通訊協定並負責將數據傳送到伺服器端。

早期 IoT 系統的邊緣設備，諸如微型電腦和記憶體的處理能力和功耗都有相當大的限制，往往處於不具備高速通訊的功能。即使每個裝置設備都具有可以連接到網路的各種通訊功能，也很難採取安全的通訊措施。因此，通常不採

用可以直接連接伺服器的裝置設備，而是建置一套透過 Interface 的系統配置。

但是，近來技術的進步大大地提高了邊緣端設備的處理能力。可以編程的設備也正在興起。因此，在不使用 Gateway 的情況下，將裝置設備直接連接到伺服器端的方式，也變得愈來愈普遍。例如，可以將多個感測器設備連接到 Raspberry Pi 等的電腦載板，只要再加上通訊模組的連線，在設備端則就可以進行數據的資料處理。

設備端的數據處理稱為邊緣運算，就如第二章 2.5 所說明的內容。藉由邊緣運算就可以將邊緣端本身所處理的數據結果，直接回饋回到邊緣端的機器設備。

除此之外，邊緣運算還有助於降低通訊成本的功能，因為邊緣運算會大大

❏【圖表 4-12】感測器或通訊模組連接到電腦載板的示意圖

減少數據傳送到伺服器端的次數。IoT 系統中，如果所蒐集的數據可以按照原來的格式進行儲存，基本上是好事，但是近來，數據量的增加已成為一個問題。因此，愈來愈多的情況是，在邊緣端就對數據進行一次的處理和格式化。這樣一來，就可以減少數據量，也可以減少伺服器端的處理量能。

## 數據格式的重點就是在於通訊費用

數據傳送的數量愈多，通訊成本就愈高。我們都知道 IoT 系統的數據量只會愈來愈多不會減少，所以通訊的成本也可能會與日俱增。所以，這裡的重點則在於如何將在邊緣端所蒐集的數據，傳送到伺服器的雲端。

如上所述，目前較為常用的數據格式有 CSV、XML 和 JSON 三種，每種格式都有各自的特性，分別說明如下。

- **CSV**：CSV 的每個數據值之間都以逗號（，）作為數據的區隔，因為排列非常的緊湊，而且具有高速處理的特徵。因為 CSV 格式只能用逗號分隔數據值，所以不能使用結構化的數據。只能簡單地將數據由感測器設備傳送出來。
- **XML**：XML 是一種標記語言，因為可以表示結構化的數據，所以應用會比較非常靈活。但是，為了讓數據呈現結構化的表示，所以在標示上除了感測器裝置的數據值之外，還必須加上標籤標示，也就造成檔案變得比較大。
- **JSON**：是介於 CSV 和 XML 之間的數據格式。儘管 JSON 可以表示結構化的數據，但表示方式比 XML 簡單，所以檔案的大小也不會像 XML 那麼大。雖然數據格式不至於像最簡單的 CSV 那麼小，但是因為可以表示結構化的數據，因此最近的 IoT 系統愈來愈多採用 JSON 格式。

**CSV**

```
28.87,989.73,40.70,81.37
28.89,989.68,40.54,81.39
```

- 數據排列較為緊湊
- 處理速度快速
- 沒有結構化的數據

**XML**

```
<?xml version="1.0" encoding="utf-8"?>
<data name="seminar">
  <record>
    <t>28.87</t> <p>989.73</p>
    <h>40.70</h><l>81.37</l>
  </record>
  <record>
    <t>28.89</t> <p>989.68</p>
    <h>40.54</h><l>81.39</l>
  </record>
</data>
```

- 支援結構化數據
- 數據檔案比較大

**JSON**

```
"{"t":28.87,"p":989.73,
"h":40.70,"l":81.37}"     ↵
"{"t":28.89,"p":989.68,
"h":40.54,"l":81.39 }"    ↵
```

- 支援結構化數據
- 數據檔案比 XML 小

❏【圖表 4-13】CSV、XML、JSON 的數據形式和特徵

## 數據的儲存和即時處理

　　由邊緣端傳送出來的數據會被儲存在伺服器端。而一般而言，數據的資料處理通常會透過數據的累積，然後再進行必要數據的提取使用，我們稱這種處理方式為批次處理（Batch Processing）。

　　問題的重點在於 IoT 的數據量不斷地成長。隨著這些數據量的增加，擴大系統的規模也是勢在必行。其中以廣為應用的 Hadoop 為代表。Hadoop 主要是針對數據的處理和儲存，採取一種分散式的資料處理方式，數據量愈來愈大時，也可以靈活應對。

　　Hadoop 也是屬於雲端資料中心的一個標準平台。可以將大量的數據分散到多個機器設備進行處理，之後再將處理後的數據結果彙整在一起。此外還可以

提供一個將多個伺服器檔案系統整合成像一個大型的虛擬資料庫。這樣的 Hadoop 運算技術都必須透過以下兩個主要架構來執行：

● **MapReduce**：可以將數據分散到多個機器設備，做長時間處理的一種運算框架
● **HDFS（Hadoop Distributed File System）**：是一種分散式的檔案系統架構，可以使多個伺服器的儲存資料庫看起來像一個大型分散式的儲存環境。

Amazon 的 AWS 和 Microsoft 的 Azure 之類的雲端服務，也使用這樣的技術進行資料處理。除了 Hadoop 之外，其他還有許多處理這種大數據的解決方案，但今後這種分散式的處理方式，應該還是會持續被選用。

這種分散式的處理對 IoT 而言是非常好用的，但是在 IoT 中還有一項特別重要的技術就是**串流處理**（Stream processing）。與數據累積之後再分批處理的批次處理相比，串流處理是存儲數據的同時，也進行數據的資料處理。隨著技術的發展，串流處理也成為一種可能的處理方法。在現今事事要求可以即時應對的 IoT 系統而言，已經成為特別重要的技術要素了。

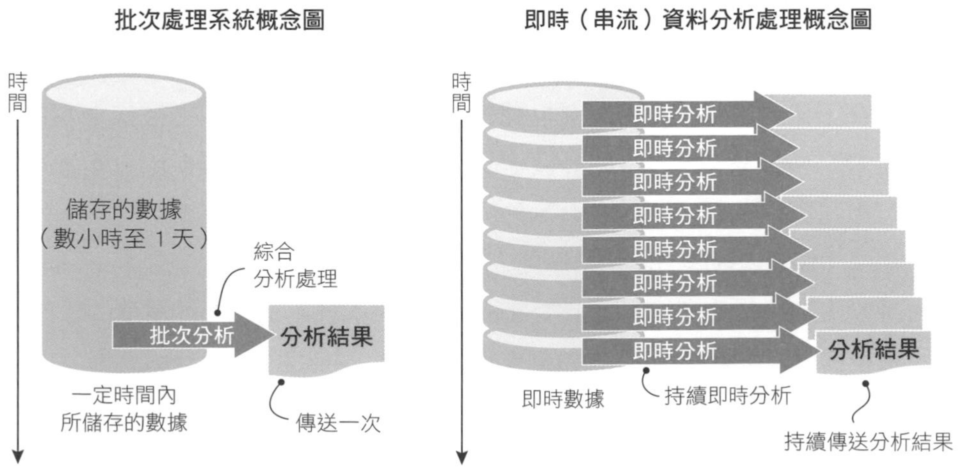

批次處理系統概念圖　　　　　　即時（串流）資料分析處理概念圖

□【圖表 4-14】批次處理與即時分析處理的系統概念圖

期待可以進行串流處理的系統，有下列各項系統。這樣的處理方式都是分秒必爭，所以說，串流處理主要都是處理比較即時性的事物。

● 工廠生產線上緊急性較高的重要機器設備的故障檢測系統
● 與人類生活息息相關的醫療系統
● 自動駕駛的異常檢測系統
● 支援網路攻擊威脅等的緊急應變系統

串流處理除了常用於上述比較緊急關鍵性的領域於之外，還有其他領域也可能會使用，例如透過 SNS 的數據和天氣的數據分析執行較高的市場預測，訂定行銷策略活動等。

 ## 數據的儲存應該根據數據的不同選用適合的資料庫

IoT 系統的數據都是由各種感測器設備所產生而來的。如果沒有事先將這些數據加以定義的話，將來這些的感測設備也可能因為增加或是更新，數據的資料處理可能會變得非常困難。

這也意味著關聯式資料庫（Relational Database Management System，RDBMS）也會很難處理這些數據。因為 RDBMS 對於數據的種類和儲存位置都需要事先定義。

因為上述的原因，也有人會說 NoSQL 的非關聯式資料庫比較適合 IoT 系統。所謂的 NoSQL 就是 Not Only SQL 的意思，和 RDBMS 一樣使用 SQL 語言，卻執行不同資料庫的查詢方式。NoSQL 並沒有一個特定的資料庫格式，儲存數據的方法不像 RDBMS 有固定的欄位。NoSQL 的資料庫包括鍵值型（Key-Value）和文件型，其中鍵值型資料庫擅長處理 IoT 數據中經常出現的簡單值的數據，而文件型資料庫則會透過 ID 的識別進行數據的相關處理。

以下圖表即是顯示 RDBMS 和 NoSQL 之間的不同。

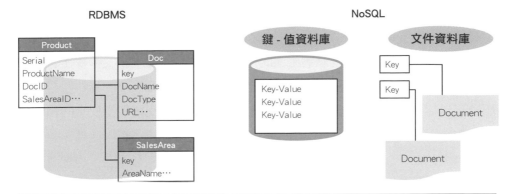

❏【圖表 4-15】RDBMS 與 NoSQL 的架構

❏【圖表 4-16】RDBMS 和 NoSQL 的優點與缺點

|  | RDBMS | NoSQL |
|---|---|---|
| 特徵 | ・數據結構會事先定義 | ・結構靈活 |
| 優點 | ・現階段擁有較多的技術人員和專業知識<br>・始終保持數據一致 | ・善於處理大量數據／高速處理<br>・易於擴展 |
| 缺點 | ・處理量增加時必須擴大規模<br>・處理量大數據時，必要時候還可能必須進行更新修改 | ・也可能是暫時的數據，也很難嚴格維護數據的一致。<br>・技術開發人員相對較少 |

　　這裡的重點並不是要討論哪個資料庫比較好。相反地，選擇存儲的資料庫格式必須根據數據的特性、使用目的、數據的檢索處理等才是選擇的重點。有效地運用每一種資料庫的優點，才可以建置一個適用各種數據使用的組合式系統。

 **資料購買時代的來臨**

　　數據總是要經過匯總再進行有效分析，但是，此時，加入分析的資料不應僅於自家所蒐集的數據，不但可以多加利用一些公開的可用資訊，甚至於還可以向其他企業購買。正如我們在上一章節提過的，近來市場上出現了一些提供

資訊銷售服務的企業和提供資料流通機制的企業也紛紛登場，以下就讓我們介紹這樣類型的服務。

提供各種進銷存單據等軟體服務的日本 Wingarc1st Inc.（日文：ウイングアーク 1st 株式会社）就開發了一款名為 **3rd Party Data Gallery** 的資料服務，該服務可以提供諸如人口統計、氣象觀測、消費趨勢和社交媒體所反應的相關訊息等的第三方資料。消費者可以從網路瀏覽器搜尋和購買資料。此外，還有一款名為 3rd Party Data Gallery for Business Intelligence 的資料庫服務，也是將蒐集過來的數據經過清理，讓數據適用於數據的資料分析之用後，再以 CSV 格式提供資料服務。將目前所存在的數據，以一種更容易讀取的方式變成商品提供服務。

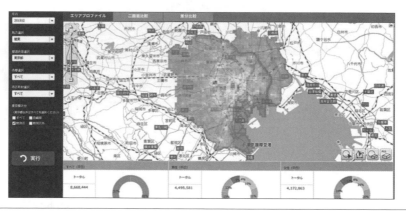

❏【圖表 4-17】行動電話終端位置訊息所顯示的平日／假日人口分佈數據示意圖

這個時代，數據的分析已經不是僅限於使用自家企業的數據，正如上述的介紹，其他企業所提供的數據，也需要適當的應用。IoT 也可以將從前無法數據化的事與物變成了可視化的可能。在下一章節，我們將介紹如何拓展 IoT 數據的應用以及還必須特別注意有愈來愈多的各種 IoT 數據組合應用的出現。

第 **5** 章

# 數據的分析必須
# 以應用為前提

# 5.1

## 不可或缺的數據分析、
## 可視化提升了數據的應用

 **數據應用的重要**

在第 4 章我們已經介紹了數據從蒐集到儲存的過程。而這個章節我們會將重點放在介紹數據累積儲存之後的分析、可視化和驗證的部分。

在 IoT 的商務活動中，我們可以從許多的裝置設備和感測器蒐集大量的數據。因此，經常會期望只要透過數據的蒐集和累積，就可以得到一些獨到的想法和商機。有很多著作的作者也經常強調蒐集數據的重要性，可能也是這樣的原因才導致了這樣的誤解。從本質上來看，只是盲目地從感測器蒐集、累積大量的數據，實在不足以產生有意義的結果。

所以為了讓所蒐集和積累的數據，能在整個商業活動中得到更有效的應用，除了對於數據應用的掌握之外，適當的分析整理，方便數據本身和數據的重點更易於理解也是一樣重要。此外還有必要將分析後所得到的新的假設，進行假設的驗證。應該藉由所謂「建立假設和假設驗證」的流程，多次反復的操作，以提高數據應用的準確度。

 **重要的是分析與可視化（能見化）**

在本書的 4.2 中，我們介紹了數據應用的流程。也正如我們介紹的內容，建置一個 IoT 系統的前半部必要流程，就是將這些不可見的數據加以蒐集、存儲、整形和匯總。

匯總之後的數據，需要再加上其他各方面的數據才能進行分析，將適用於使用目的的應用，變為可視化。數據變成了可視化的資料之後，透過這樣的可視化，應該就會很容易發現，數據在整個持續的時間序列中的變化。還有，也可以很容易預測未來可能發生的現象，或是找出監控環境中的問題。所謂的可

視化，無非就是將數據昇華為有用的資訊，並且增加資訊本身的價值。藉由可視化，可以讓數據形成最好的應用，還能建置一個 IoT 的應用商業模式。

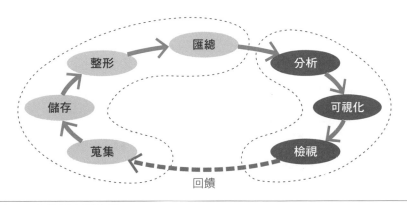

□【圖表 5-1】數據應用流程

##  讓看不見的數據成為可視化

在實際的分析中，並非所有的數據都是可以掌握或是「看得見」。在日常的生活中本來就有太多看不見也不能掌握的數據。因此，我們必須先了解有哪些是看不到也不能掌握的數據類型。

要了解什麼是看不見的數據，我們可以從室內的環境勘測為例。如果在房間中安裝了溫度計或濕度計，當然就可以知道房間的溫度和濕度。室內溫度和濕度，因為很容易由身體的感覺得知冷熱或潮濕與否，相對來說是比較容易了解的指標。實際上，也可以根據這兩個指標，計算出人體的舒適指數，根據指數就可以很明確知道，房間內的人是否感覺舒適。

但是，這個「室內」如果指的是辦公室、會議室那會如何？因為除了室內溫度和濕度外，可能還有一些重要的環境因素，也會提高生產效率。這可能是一般不會去掌握或是或看不見的東西。

這裡我們舉一個比較少探討卻不容忽視的例子，那就是二氧化碳濃度。一般二氧化碳濃度在室內的標準為 1000ppm，但人類很難分辨二氧化碳的濃度是高還是低。但是，根據研究，如果二氧化碳的含量較高，則會降低生產效率。

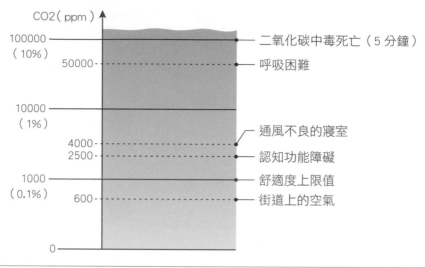

CO2（ppm）

100000 ── 二氧化碳中毒死亡（5 分鐘）
（10%）

50000 ── 呼吸困難

10000 ──
（1%）

4000 ── 通風不良的寢室
2500 ── 認知功能障礙

1000 ── 舒適度上限值
600 ── 街道上的空氣

0 ──

❏【圖表 5-2】二氧化碳濃度的危害程度表

　　由以上圖表，我們可以看出舒適度的上限為 1000ppm。超過 2500ppm 就可能引起認知的功能障礙。實際上 CO2 感測器的使用，就可以很清楚讓我們知道，二氧化碳濃度的增加與否。如果安裝了 CO2 感測器，我們就可以很清楚知道在一間大約可以容納 10 人的會議室中，如果有 8 人參加會議超過一個小時，二氧化碳濃度將會逐漸增加。如果超過 2 小時，二氧化碳濃度就可能超過 1500ppm。此時，如果不及時進行通風，參與會議的人可能很明顯地就會失去工作效率。根據一些研究報告指出，人在 2500ppm 的環境下，可能無法做出適度的決策[1]。

　　但是，很少有人會針對辦公室環境進行二氧化碳濃度的監控。即使根據研究，我們都知道二氧化碳濃度對工作效率會產生一定的影響，但是我們還是在無關乎二氧化碳濃度高低的辦公室中持續工作。

　　正是因為人很難感覺到二氧化碳濃度的高低，所以持續監測有其必要。當濃度達到不適當的數值時，就有必要採取適度的通風或是休息等措施。

　　透過這種的思考方式，我們就很清楚可以看到二氧化碳感測器的效果。如

1　http://www.buildera.com/carbon-dioxide-co2-monitoring-service/

果房間很大時，可能就需要在多個位置安裝此類感測器。透過所測得數值的比對，掌握這樣看得見的可視化數據，或許就可以加強空調或是使用循環通風扇等的工具讓工作環境更有效率。

　　像這樣透過實際上的環境狀態，進行可能的現象分析和可視化的評估，即可採取適度的改善措施。這時的可視化數據就非常有意義。

 ## 分析：可視化連結實際發生的狀況

　　基於 IoT 數據的特徵，我們通常希望得到的**數據分析**結果，絕對不是「這樣的數據不用分析也可以知道」的狀況，而置之不理。

　　例如，假設在邊緣端（本地端）安裝了感測器以取得數據，並且分析結果如下。

● 如果溫度長時間超過 X 度且濕度超過 Y％，則此期間的維修保養服務成本有逐漸增加的趨勢。

● 如果中匯總的數據，再探求其他的因素，會發現同時段客服中心的來電數量也有所增加。

● 如果分析同一時段的維修保養服務數據的話，就可以清楚了解，經調查得知維修人員接到要求處理的內容，多數是因為設備本身溫度升高而引起的警報。

持續超過溫度 X 度和
濕度 Y%

維修保養的服務成本
有上升趨勢

客服中心的來電增加

維修人員接到要求處理的服務，
根據調查結果大多數都是因為
設備本身溫度上升所引起的警
報。

❏【圖表 5-3】客服中心的數據分析與現有系統數據的應用案例

單從分析的結果來看，或許有人會說：「不就是藉由 IoT 的數據來證明，機器在夏天比較容易故障嗎？」但是，如果可以證明，就是因為這樣的數值，所以產生這樣的必然現象，那麼我們就可以根據溫度和濕度之間的關係，採取以下措施。

◯ 可以驗證在什麼溫度和濕度範圍內，不會發生異常情況。
◯ 維修人員可以透過安裝了感測器的設備上所取得的數據，即可掌握機器設備的實際狀態，不必專程趕往現場才能進行調查。
◯ 透過掌握故障可能發生的狀態，可以在故障發生之前，將機器零件送到當地，並且先行更換處理。換句話說，可以將維修作業切換到具有更高附加值的服務，而不是單純只是進行故障的排除。

如上所述，我們可以從這些被認為理所當然的分析結果，了解一些事情。不僅如此，還可以藉由分析的結果，提供更好的服務和提高服務的效率。

另外，大量數據分析的結果，也可能得出並非理所當然的結果。但是，這樣令人意外的分析結果，是不能單就 IoT 數據就決定。因為僅靠 IoT 內部的數據是不夠的。這時我們需要的是超越人為能力才可能分析的大數據運算。

但，我們還是必須重申，IoT 數據儲存之後的分析進而採取行動的一連串

連結還是非常重要。例如，我們根據數據的儲存和分析後結果可以採取以下的策略。

- 自家公司產品的改良和服務的改善及新功能的實施
- 與其他公司結合，形成創新的產業價值鏈
- 針對新的客戶提供服務架構

　　除此之外，還可以從數據本身取得新的商機。這一點第 8 章，我們還會有更詳細的介紹。

 ## 可視化：利用數據的可視化、創造新的服務價值

　　如果數據想要變成有用的數據，下一個步驟就是要可視化。數據分析之後不應該只是將分析的結果編列成數值列表，而是應該將其轉換為一般人都容易看得懂的形式，這就是可視化（數據看得見的可視化）。如此一來這樣的可視化數據，就可以為我們提供許多新的提議。

　　最簡單的可視化例子，就是汽車駕駛座附近可以顯示各種訊息的儀表板。還有股票的圖表顯示工具，也是運用各種方式顯示了複雜的股票數據。這些都是數據經過分析之後，再將分析的結果顯示在集中式的儀表板（Dashboard），所形成的可視化數據。數據分析的結果所形成的圖形化，的確可以讓我們更容易理解各種事物的狀態。

　　所以說，可視化還有一點很重的是，必須由客戶的角度切入。對於使用者而言，可視化必須「容易看」、「容易了解」和「容易操作」。但是，IoT 蒐集數據的目的經常發生變化。如果目的改變了，則儀表板上所顯示的內容，也勢必要跟著改變。在這樣的情況下，儘管只是暫時的變化，也很容易造成使用者的困惑。

　　所以，這幾年就出現了一種引起了很大關注的自助式 BI（Business Intelligence，商業智慧）工具。這個工具可以從使用者查看的角度，進行數據的分析和形成可視化。想看的數據資料可以立即將數據形成可視化資料，而無

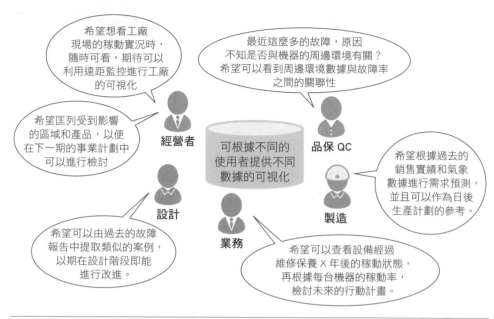

□【圖表 5-4】自助式的 BI 工具可針對使用者的個別需求，形成個別的可視化

需單向依賴資料系統部門或供應商的資訊，因此可以從各個角度檢查數據。即使要蒐集的數據量不斷增加，而且使用目的也發生變化，這個工具也可以立即相對應地反映現狀，進而立即形成可視化資料。我們在下個章節會再對 BI 工具進行介紹說明。

 ## 機器的故障和錯誤狀況也可以成為數據的應用

　　以製造業而言，設備和機器搭載各種感測器，並且可以自動蒐集數據的情況並不少見。但是將蒐集來的數據進行經過整理、分析之後，再進行有效應用的情況，好像就不是很多了。換句話說，在許多情況下，蒐集到的數據不是放著沒用就是丟棄。

　　IoT 呢？並不至於如上段所描述的，將過去所蒐集的一些數據丟棄不用。但是，IoT 過去所產生的數據，還有什麼用途呢？首先必先釐清的是，IoT 可以獲取什麼樣的數據，又積累了什麼樣的數據。然後才能考慮是否可以用於與新

數據的相關性分析。透過這樣的必對分析，才可以預測或預知機器設備的故障可能日程。

長久以來，我們對於機器設備的故障跡像，大多是仰賴資深作業人員的豐富經驗或是直覺的判斷。甚至我們還會常聽說「只要是資深作業人員進入機械室的瞬間，就可以立即準確點出那一台機器設備出了問題」。作業人員可以透過機器運轉的聲音和機器的振動狀態等的感覺獲得訊息，也可以結合溫度和電壓等測量方式的使用，進行機器設備的狀態判斷。然而，像這樣透過感覺所得到的訊息很難系統化和形式化，也很難將其傳承給經驗不足的人員。

但是，機器的故障也不能置之不理。因為機房或是工廠的機器設備萬一發生故障了，所造成的影響實在是太巨大了。所以，如果可以早先預見作業現場的故障跡像，而且提早採取積極的措施，實在是非常的重要。

在這裡我們可以重新審視，何謂故障或錯誤。故障和錯誤就是我們常說的異常，也就是特殊條件情況下發生的狀況。相對而言，大部分的時間設備和系統都是處於正常運轉的狀態。

❏【圖表 5-5】所謂「正常以外則為異常」的邏輯

傳統上對於故障排除的方法，向來都是在故障或是錯誤發生時，分析工作日誌後，再進行故障排除。但是最近則比較傾向於，透過大量的正常工作日誌資料的取得和保留，並且事先進行正常狀態的狀態分析，儼然已進入預防性的措施處理及踏出防止故障的第一步。所以當機器被檢測出異常情況產生時，根據判斷的邏輯「異常狀態＝異常＝故障徵兆」，就可以在此時主動採取對策了。

為了能預先檢測出異常的跡象，通常需要擁有長時間的積累數據。以下的幾個案例，就是根據時間序列，比較過去和現在數據上的差異，採取進一步防

範措施的案例。

- 預知經年的劣化現象
- 在尚未出現異常時，根據所挑出的平均值或參考值的偏離指數，來確定異常現象
- 不斷地分析過去多種故障的實況，篩選出可能發生故障的徵兆狀態

 ## 數據應用目的的明確化

為了讓分析後的數據可以得到更有效的運用和可視化，對於數據應用的目的就必須要明確。也就是說有了這些數據之後，希望這些分析後的數據可以幫助您做何種的決策。接下來我們就可以考慮如何進行什麼樣數據的可視化。

但是，實際上，並非所有在數據蒐集階段就能明確知道取得的目的。特別是 IoT，一直以來 IoT 系統都是處於不斷變化和擴展。所以，重要的還是應該達到以下的步驟：

① **透過分析工具的數據，分析形成可視化**
② **透過反復的嘗試錯誤法的測試，以取得形成目的的評估指標和決策因素的數據**
③ **尋找並執行可以達到最有效行動的組合**

接下來，我們將介紹用於分析的 BI 工具。

# 5.2

## 資料分析的工具應用

### 數據分析的 BI 工具

分析數據時，很多人會將數據導入如 Excel 等的試算表軟體，還能作成可視化的圖表。毫無疑問，熟悉的表格計算軟體者，一定非常容易上手。但是，IoT 處理的數據量非常龐大，如果使用表格計算軟體操作可能非常耗費心力。此外當數據的用途發生變化時，又必須重新更改分析數據的組合，這時如果使用表格計算軟體很可能會使此工作變得更複雜。

對於 IoT 這樣海量的運算，這時登場的就是所謂的 BI（Business Intelligence，商業智慧）工具，BI 工具是一種可以將數據圖形化的可視化軟體。IoT 系統通常也是將蒐集來的數據，透過 BI 工具進行數據的分析和可視化。近年來，陸陸續續也有許多自助式服務的 BI 工具的出現，這些工具非常易於操作也易於理解，因此，即使不是數據分析師這樣的專業人員也都可以操作。藉助這些工具的使用，就可以將數據製作成美觀且易懂的圖形資料和數位儀表板。

雖然統稱為 BI 工具，BI 工具還是有各種各樣的格式，也都各自的特色，所以導入時還是必須根據使用的目的和規模選擇適合的類型。BI 工具大體來說可分為，擅長連結和繪製即時數據的類型、透過批次處理和分析大量數據的類型等多種類型。一般會根據數據的類型、使用目的、系統授權等進行評估再決定選用。但是，有許多的 BI 工具沒有數據流向（Data Flow）之類的應用程式功能。因此，前提還是必須和數據流向與連接的定義工具一起使用。

根據 Gartner 於 2017 年 2 月發表的調查研究資料「Magic Quadrant for Business Intelligence and Analytics Platforms（BI 分析平台的四個象限）」，將 Microsoft、Tableau 和 Qlik 這三家企業的系列產品，視為 BI 工具產品業界的領導者。以目前的市場狀況來看，可選擇的產品數量並不算多樣，市場的未來還有開發的潛力，現在除了 Microsoft 之外，還有 SAP、IBM、Salesforce.com 等大

型企業也加入開發的行列，筆者深深覺得 BI 工具領域在未來還是有很大的發
展可能。

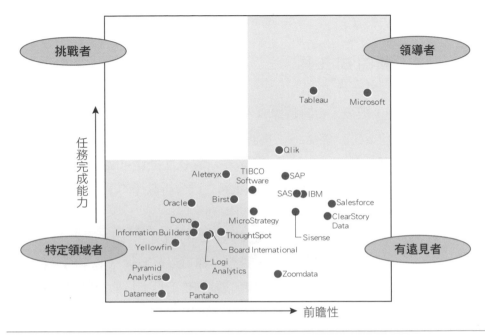

❑【圖表 5-6】根據 Gartner 的調查報告：Magic Quadrant for Business Intelligence and
Analytics Platforms 所發表的 BI 工具使用狀況（2017 年 2 月）

以下筆者將針對各種代表性的 BI 工具的主要功能和特性，再根據筆者所
屬的 Uhuru（日文：株式会社ウフル）公司的實際使用狀況一一介紹。

 ## Salesforce.com：Einstein Analytics

筆者所屬的 Uhuru 公司最常使用的分析工具是 Salesforce.com 的 **Einstein
Analytics**。Analytics Cloud 是稱為愛因斯坦（Einstein）的 AI 工具其中的一種分
析解決方案的統合工具。Salesforce.com 非常善於將所累積的客戶往來等資料，
轉化為精美的圖表交互顯示，能讓客戶在執行決策時可以很容易參考。
Salesforce.com 每年在這個領域也都會新的功能發表，不斷地讓這方面的工具昇
華為功能更強大的統合環境。該公司在 2017 年 Dreamforce 的年度會議上宣布，

Einstein Analytics 今後將致力於與 AI 的結合。筆者也非常期待該公司將來會有更強大的工具發表。

❏【圖表 5-7】Einstein Analytics 應用程式示意圖

 **Wing Arc 1st Inc.：MotionBoard**

之前章節中曾經提及的 Gartner 調查報告中，我們並沒有提及 WingArc1st 這家公司。但是 MotionBoard 這款工具卻是之前在 1.1 中曾經提及的 IVI（Industrial Value chain Initiative，日本工業 4.0 推動聯盟）企業中最常使用的 BI 工具。

這款分析工具的圖表可以重疊交錯進行分析，也可以針對高層管理者的使用要求，提供美觀且易於閱讀的數位儀表板。還可以提供及時可用的 API，可以將 IoT 數據立即轉化為可視化的資料，無需編程就可能執行較高難度的分析。同時還提供了適用於 iOS ／ Android 智慧型手機的 App 應用程式，可隨時在行動的裝置設備上使用。不僅如此，MotionBoard 還支援 Excel 輸入／輸出，因此也可以與 Excel 試算表一起使用。

MotionBoard 還有其他產品沒有的功能，就是在 4.3 曾經介紹過的第三方資料庫（3rd Party Data Gallery）」。該公司提供所蒐集的第三方資料的服務，這些第三方資料，同樣也可以 MotionBoard 的格式提供服務，也可以使用這些資料進行相關分析。算是日本國產的獨特軟體，所以也非常受到歡迎和支持。該

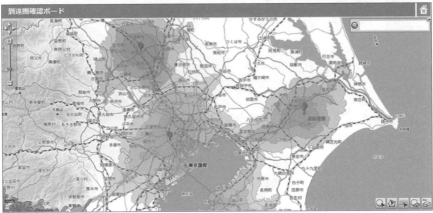

【圖表 5-8】MotionBoard 所顯示的可視化示意圖

【圖表 5-9】MotionBoard 的行動裝置 App 示意圖

公司的使用授權分為：指定用戶名稱授權和伺服器授權 2 種。

## Microsoft：Power BI

根據 Gartner 的調查報告，Microsoft 的 Power BI 是獲評為最容易使用的 BI 工具，也是以易用而聞名。不需要編寫程式就可以將數據製作成數位儀表板，也可以在行動裝置上查看報表。

Microsoft 還提供免費的 Power BI Desktop，可以輕輕鬆鬆地開始進行數據的分析和執行資料的可視化。Power BI Pro 還允許自行建構儀表板和互動，並且提供 60 天的免費試用期。Power BI Premium 則是可以進行更大規模的部署。

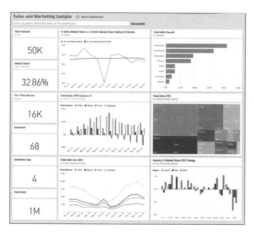

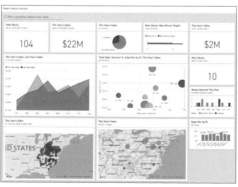

❏【圖表 5-10】Power BI 所顯示的可視化示意圖

## Tableau：Tableau

　　Tableau 的分析技術是透過直覺式的拖放操作，將數據轉換為交互式的可視化資料。擅長於處理包括時間序列數據和地理數據混合的大數據，特別是在行銷通路的領域中，得到很多分析師很多非常高的評價。因為 Tableau 非常適合針對目標客戶，進行客戶的行為特徵分析和客戶追蹤等分析。Tableau 同樣也擁有美麗視覺效果的儀表板。

　　如果購買專業版，可以同時使用 Tableau Server 和 Tableau Online。如果是個人版，因為是提供個人使用，所以非常容易上手。Tableau 還提供 2 週的免費試用期。

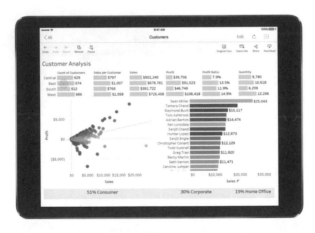

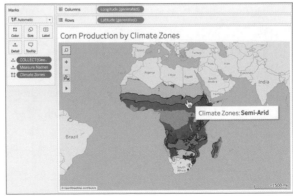

❏【圖表 5-11】Tableau 所顯示的可視化示意圖

Qlik 的 **Qlik Sense** 是用於企業的 IT 部門以外的用戶部門，屬於一種對話式的數據可視化工具，並且擁有非常豐富的儀表板建置功能，也可以開發自己的應用程式。有關於資料和權限，一般都是在 IT 部門所提供的伺服器端，進行一元化的集中管理，執行較嚴謹的高度管理。

Qlik Sense 有功能強大的數據引擎，可以將內存處理中的數據，壓縮到僅有原始數據的 1 ／ 1 0，可以同時進行多個大型數據來源的高速分析。獨特的關聯分析引擎也可以說是 Qlik Sense 的特徵之一。此項功能可以自動連接相關數據，無需預先設定分析軸，即可輕鬆進行數據的分析。

Qlik 還有另一個 BI 工具是 **Qlik View**。Qlik Sense 是針對資料分析師使用的 BI 工具，Qlik View 則是針對終端使用者的 BI 工具。Qlik View 具有指導性分析功能，可按照應用程式開發人員已經優化好了的分析畫面，透過數據的操作執行決策。Qlik View 還為桌上型電腦提供了一個名為 Personal Edition 的個人版本，該款個人版本完全免費。商用版本則有兩種伺服器的授權使用，一種適用於小型企業，另一種則適用於大型企業。

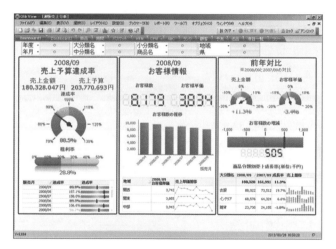

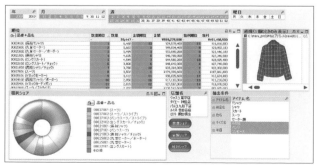

❏【圖表 5-12】Qlik View 所顯示的可視化示意圖

Pentaho 是屬於 OSS（Open Source Software，開放原始碼軟體）的產品，可以透過互動式的對話，進行操作以及建立儀表板和報表。Pentaho 因為來自開放原始碼的 OSS 社群，所以領先商業智慧領域，擁有比較先進的技術和功能。而且還有一個優點就是無需授權費用。導入時可以分階段進行，首次使用 BI 工具的使用者，就可以先由建立試用環境開始。

Pentaho 目前在全球擁有 1500 多個用戶，正在運作的系統也在 10,000 以上。

2015 年日本的日立製作所正式收購了 Pentaho，在當時也造成了熱門的話題。發行的版本分為免費的 Community Edition，還有提供代理商服務的付費 Enterprise Edition，在日本，主要則是由日立和相關公司受理訂閱的服務。

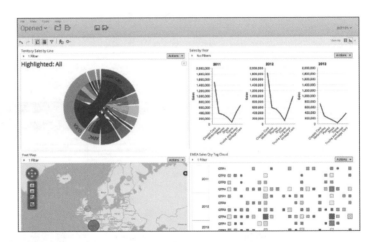

❏【圖表 5-13】Pentaho 所顯示的可視化示意圖

# 掌握數據運用的必要統計知識

## 常用的統計手法

坊間有許多很方便的分析工具，但是如果只是簡單的分析，就可以不用那麼費力使用複雜的分析工具，只要使用類似 Excel 的試算表應該就夠了。所以這時就需要具備一些統計學上的相關知識。

具備統計學上的相關知識是有實際的必要性，因為當需要進行較高階的數據建模分析時，此時如果具備了統計學的相關知識，就可以和工程師進行較深入的討論。從概念上了解什麼樣的情況適合什麼樣的統計方法，與工程師討論時也較能激發討論內容，對於業務也較能有直接且準確的分析。

在這個章節，我們將簡單介紹幾個典型的數據分析方法及其應用的範例。有關統計方法等更深入詳細的資料，還請參閱其他專業的書籍。

## 交叉分析

交叉分析（Cross Analysis）是將 2 或 3 個的特定變數匯總後，再進行之間的關聯性比較的分析方法。最常用於匯總問卷調查的結果。

例如，透過性別、年齡、職業和居住地區等受訪者的屬性與受訪者回答的內容交互分析，就可以取得使用者的各種屬性趨勢。屬於一種通用的分析方法，也可以利用類似 Excel 樞紐分析表等的試算表軟體輕鬆執行。

| 合計 / 金額 | 列ラベル | | | | |
| 行ラベル | Aマート | Cストア | D商事 | スーパーB | 総計 |
| --- | --- | --- | --- | --- | --- |
| いちご | 12,600 | 55,850 | 148,000 | 31,800 | 248,250 |
| 2017/1/12 | | | 48,000 | | 48,000 |
| 2017/1/30 | | | 100,000 | | 100,000 |
| 2017/2/1 | | 39,600 | | | 39,600 |
| 2017/2/3 | | 16,250 | | | 16,250 |
| 2017/2/10 | 12,600 | | | | 12,600 |
| 2017/2/27 | | | | 31,800 | 31,800 |
| みかん | 165,000 | | | 19,500 | 184,500 |
| 2017/1/16 | | | | 19,500 | 19,500 |
| 2017/1/20 | 70,000 | | | | 70,000 |
| 2017/2/3 | 95,000 | | | | 95,000 |
| りんご | | 94,200 | | 60,500 | 154,700 |
| 2017/1/24 | | 60,000 | | | 60,000 |
| 2017/2/5 | | | | 34,500 | 34,500 |
| 2017/2/9 | | 34,200 | | | 34,200 |
| 2017/2/12 | | | | 26,000 | 26,000 |
| 総計 | 177,600 | 150,050 | 148,000 | 111,800 | 587,450 |

【圖表 5-14】試算表軟體所顯示的交叉分析示意圖

## 線性迴歸分析

線性迴歸分析是一種使用直線分析多個變數之間的相關性的分析方法。當一方的自變數產生變化時，相對的另一方的應變數，是否也產生增加或減少的相對關係，也就是說，如果兩者之間的關係變化趨近於比例關係時，則兩者之間的關係就可以用一條直線表示。如果自變量[2]只有一種的情況就稱為**簡單線性迴歸**，如果是兩個以上的自變數則稱為**多元迴歸分析**。

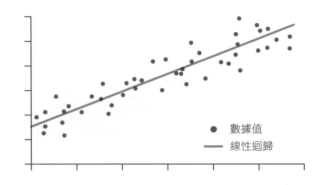

❑【圖表 5-15】線性迴歸分析示意圖

 ## 邏輯迴歸分析

邏輯迴歸分析（Logistic Regression Analysis）是一種預測發生機率的分析技術。主要用於分析諸如「Yes」和「No」、「0」和「1」、「有」和「無」等的二項式的依變數。分析結果一定是介於 0 到 1 之間的數值（例如「此項產品的命中率為 0.7」等）。

---

2 所謂自變量是指考慮因果關係時的原因量一方的變量。換言之，代表原因預測結果的一方則稱為「應變數」。

## 相關分析

相關分析（Analysis of Correlation）是對於多個變數之間的連動相關程度，所進行的分析技術。變數之間的相關性指標，使用相關係數作為表示。以下以一個分析的應用案例來看，此案例主要是分析零售商店每項產品的銷售數據。為了提高銷售數量，希望藉由銷售數據的相關分析，對於貨架上的產品位置重新佈局。

當然使用 Excel 的函數也可以很容易地進行相關分析。但是有一點需要特別注意的是，即使相關係數很高也被認為是相關性很高的狀況，但是兩者之間是否存在因果關係也會有所不同。因果關係有必要配合一般的常識進行判斷。

## 關聯分析

關聯分析（Association Analysis）經常用於分析零售商店的 POS 數據。分析被放入購物車的商品，以及還有哪些商品也會一起被購買。

使用電了商務的 EC 平台時，我們經常會看到「購買此產品的人也購買了這些產品」的建議提示，這就是利用關聯分析的結果，所進行的行銷手法。從資料中提取「購買 A 的人同時也購買 B 的人」的關聯規則，提供一個探索性的指標，然後在適當的場合進行應用的一種手法。

## 聚類分析

聚類分析（Cluster analysis）是將混合在一起的不同事物透過分類，將相似的物件分成不同的組別，再進行分析的手法。此種方法最常用於諸如產品和服務的市場定位和市場區隔等的行銷領域。

使用聚類分析首先要先針對同一組別的目標物之間的相似度和接近度，使用相關係數和距離定量加以定義。藉由分組的分析結果讓數據的分類更加明確。但是，為了確定該組內的相關性和因果關係，有必要再補充上述的線性迴

歸分析和相關性分析等方法。如此一來即可提高分析的準確度，亦可應用於諸如業務改善之類的活動。

 **決策樹分析**

決策樹分析（Decision Tree Analysis）是一種也稱為決策樹（Decision Tree）或判斷決策樹的數據分析技術。

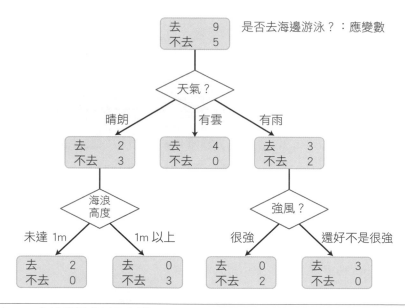

❏【圖表 5-16】決策樹分析示意圖

決策樹分析主要是不斷反覆的運用「如果～，結果可能就變成這樣了吧」（If～ then...）這樣的方式，由原因引導出對結果的預測方式，作成的樹狀圖形的一種分析手法。最常用於針對客戶區隔的運用，也可用於機器設備的操作履歷，從中搜尋機器設備產生故障的相關指標。也是因為分類和走向之間的過程很容易解釋，所以經常會被拿來使用。

在決策樹分析中，分類的主題會用葉子表示，主題的走向則是用分枝表示。這個技術手法其實與上述的聚類分析非常相似，但是有關學習數據就有所

不同。聚類分析不需要學習數據，但決策樹分析則需要。圖中的「應變數」是表示根據原因預測所得到的結果，該數值也會因為原因的輸入值的不同，產生的運算結果也會不同。

 ## 不變量分析

不變量分析（Invariant Analysis）簡單來說只是一種用於與平常不同狀況的檢測技術。使用此方法，可以檢測機器或設備的故障跡象，例如被稱為靜默故障的機械性能下降，因為這樣的現象並不會顯示任何有關機械錯誤的訊息。想要進行這樣的分析，首先在平時的正常時間內就必須針對多個感測器之間的一般正常的相關性（不變性）建立一個模式，再將即時所取得的感測器數據進行比對。如此就很容易發現與正常時間的差異現象。

日本 NEC 的北美研究所就運用這樣的分析技術，開發了一套可以監控工廠的故障徵兆解決方案。

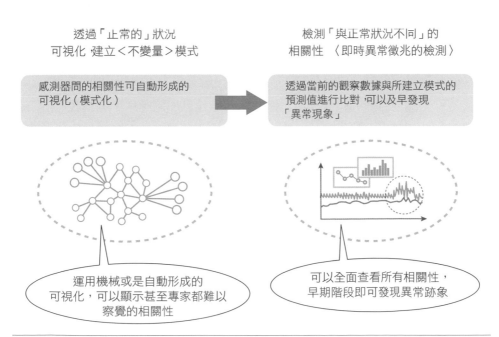

透過「正常的」狀況
可視化 建立＜不變量＞模式

檢測「與正常狀況不同」的
相關性 〈即時異常徵兆的檢測〉

感測器間的相關性可自動形成的
可視化（模式化）

透過當前的觀察數據與所建立模式的
預測值進行比對，可以及早發現
「異常現象」

運用機械或是自動形成的
可視化，可以顯示甚至專家都難以
察覺的相關性

可以全面查看所有相關性，
早期階段即可發現異常跡象

❏【圖表 5-17】NEC 系統運用不變量分析所建置的工廠監控系統

# 各種感測器數據交互運用可取得
# 更具建設性的提示

 **各種數據交互運用的重要性**

如4.2所述，有許多解決方案的提議，不應只能是透過 IoT 所蒐集的數據，

- 業務營運數據（POS）
- Web 日誌（錯誤日誌）
- SNS 數據
- 公開資料

等非屬於 IoT 的其他數據，也非常建議應該合併運用。例如，一般工廠作業不大會刻意蒐集與天氣相關的數據，但是如果我們可以進行作業活動與天氣間的相關性分析的話，我們會清楚看到溫度的變化，其實和生產的良率有很大的相關性。

如此對於「自家公司沒有的數據」和「一般業務中不會特別處理的數據」，應該特別去關注各種的數據來源，適時地考慮並且加以應用。因為我們的時代已經不再是個故步自封的時代，應該要善用其他外部資料來源和任何的公開資訊。

 **記錄資料的著眼點不應僅限於數據蒐集的對象**

我們不僅僅要分析感測對象的設備所蒐集來的數據，還有一點很重要的是，也有必要觀察分析對象所在的環境和空間。分析的目標物處於何種的環境以及環境的時間序列所發生的狀況也應該有所了解。

筆者曾經受託於一家企業的工廠，進行生產線機器設備溫度的監控。當時

工廠作業現場有多條配置相同的生產線，但是筆者察覺其中有一條生產線與其他的生產線溫度都不相同。檢查了該生產線的生產設備也沒有發現任何特別的異常。結果，原因竟是生產線上的多數作業人員都配戴了自己的小風扇。

這樣一個小小的環境因素或人為因素，都會造成所記錄的數據差異。所以數據的記錄，不應只是針對記錄對象的數據蒐集，還有必要記錄與環境相關的各種資料。

##  看不見的數據

因為 IoT，我們有許許多多的數據都儲存在雲端。但是在此之前，曾經針對機器設備所進行的監控，因而保存了一段時間的數據資料好像都容易被丟棄。如果說舊有的數據與現在的 IoT 數據，也應該合併使用這件是也很重要的話，那麼要儲存的數據量將是愈來愈龐大，可能都要被這些累積的數據所淹沒，在管理上也可能跟不上。上面的管理者也可能會要求，利用這些累積的數據來產生某些結果，原本希望藉由 IoT 來提高效率，結果反而增加了許多額外的工作。企業的業務也可能逐漸在許許多多大量的數據被丟棄的情況下不斷運作，但是數據還是有應當丟棄的理由。

那麼我們該怎麼辦呢？那就應當先想想以下的問題：

**數據丟棄時，**

**如果看到了，**

**想想還能做什麼？**

有必要製定這樣一個問題和回答這個問題的假設，然後不斷的執行這些問題的觀念驗證。如果執行 PoC（Proof of Concept，概念驗證）後，還是否定了原來設定假設，則應該再設定另一個假設，並再次進行驗證。透過這樣反復的驗證工作，很可能可以再創造另一個商機。

## 從資料的流通開始

可以利用的外部資料，並不是只有政府單位所公布的免費公開資料。數據化以後，所產生的大量數據和資料也可以自行銷售，像這樣形成一種數據流通的機制實際上已經登場了。

日本的歐姆龍（Omron）擁有非常廣泛的產品項目，例如感測器設備和裝有感測器的保健器材設備等，歐姆龍就非常提倡將他們的產品中，所取得的感測數據，可以在**感測的流通市場**銷售。歐姆龍還運用了關係企業 Senseek 的技術，透過感測數據的使用者和提供者的屬性配對方式，形成一種安全的感測數據流通交易機制。

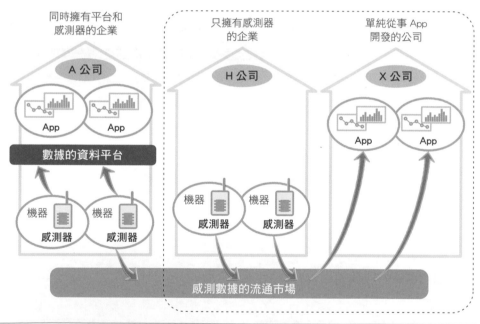

❏【圖表 5-18】歐姆龍 Senseek 感測數據的流通市場機制

此外日本的 Everyense Japan（日文：エブリセンスジャパン株式会社）還建立了一個稱為 EveySence 的 IoT 資訊流通交易平台。該平台有一個特點就是，數據的交易完全採用市場的交易模式，至於數據的交易價格也是完全取決於供需之間的市場機制。

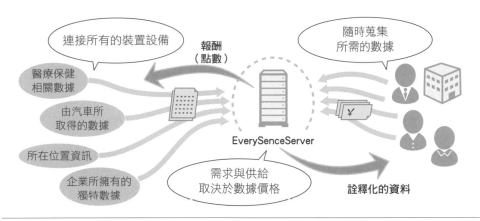

❏【圖表 5-19】EverySence Japan 的「IoT 資訊流通平台 EverySence」的機制

2017 年 6 月，歐姆龍、Everyense、Sakura Internet、日本數據交易所（Japan Data Exchange Inc. 簡稱：Jdex）、日立、NEC、Uhuru 等共同發表了，擔任日本內閣官房、內務省、經濟產業省的觀察員，而且宣布成立一個業界的團體，主要致力於推動感測器數據市場和 AI 數據市場的數據流通。該組織預計將於 2017 年 12 月正式成立社團法人並且招收會員。

政府的公開資料也開始有變化。2011 年日本東北大地震之前，日本全國的輻射數值都是經過政府的處理之後才會宣布。但是，地震之後，政府政策便更改為由感測儀器獲得數據之後，便依照數據的原樣直接發布，主要是回應民眾的要求，可以即時查看測量的真正數據。

夾帶著潮流的契機，日本政府也於 2012 年制定了電子政務公開資料策略，目的在推動公共數據的使用。同時還聯合產官學的合作，設立了一個可以致力於推動公開資料流通環境的公開資料流通促進聯盟。

在這裡就有一個推動公開資料成效的案例。這個案例是由日本的總務省和筆者所屬的 Uhuru 公司，針對路面鋪設的即時狀況，達到一個準確掌握的實例驗證。傳統上路面鋪設狀況的掌握，通常是使用稱為路面特性測量車輛的專用車輛，定期在主要幹道上進行路面的特性測量。但是，由於道路管理者的市政當局預算有限，許多市政道路並未能進行實際的車輛測量，現實的情況大多是藉由道路管理人員的巡邏，掌握路面的狀況，或是根據居民的線報，才能了解真正的情況。

在這個案例的實驗中，我們運用了 ICT[3] 和感測器訊息等大數據分析的技術，建立了一種能夠連續且輕鬆、低成本，可以隨時掌握所鋪裝的路面和縣道的惡化／損壞狀態的技術。目的是協助政府在道路和鄉鎮道路，進行道路養護時的有效管理。具體來說，我們會在持續不斷行駛於同一路面的公共交通車輛（例如：路線巴士、郵局車輛、計程車等），安裝簡單且便宜的感測器和攝影鏡頭。透過這些車輛取得數據，並掌握路面的劣化／損壞狀態，我們也驗證了這個方法，不但可以提高掌握路面鋪設狀況的準確性，並且還可能降低路面的維修保養成本。該計畫也將蒐集的數據，以公開資料方式發布，並且籌畫以這些公開資料，舉行新的服務事業的競賽。

其實說明這個案例的主要目的，是希望透過這種免費提供蒐集成本高昂的大量數據，來幫助提高每個公司在新的服務事業上的精準度。

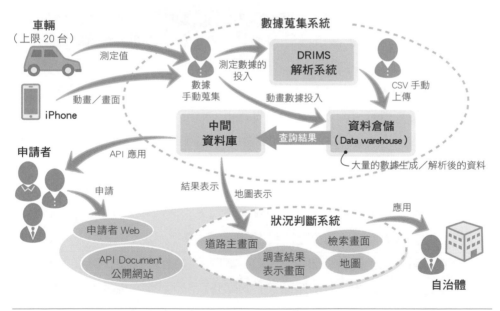

❏【圖表 5-20】掌握路面鋪設狀況的公開資料的實證實驗

---

3  ICT：Information and Communication Technology 的縮寫。 意指資訊和通訊的技術。IT（Information Technology，資訊技術）單純意指技術之意，但 ICT 的含義則包括了技術的「應用」。

# 各種感測器數據的可能性

 **影像數據和音頻數據的分析和可能性**

所謂的感測器數據，包含了例如溫度、振動和位置訊息等各式各樣的類型。如果從分析的角度來看，今後比較有發展的潛能的應該就屬語音、圖像和影片數據了。

特別是圖像感測，因為利用攝影鏡頭進行感測的方式已經非常普遍了，完全不再需要專用的感測設備。還有透過紅外熱線攝影的熱感測，也已經可以完全掌握人的所在位置和人數。

在農業領域，可以將測量光譜的攝影機搭載在無人機上，可以分析大範圍田地的農作物生長狀況和成果，或是進行病蟲害的診斷。針對禽鳥災害的監控系統，原來的用意主要是當動物困在陷阱裡時，用來拍照和發送電子郵件之用。現在，則是透過累積的數據與相關的天候數據的統合分析，也可以預測鳥類和野獸可能造成的破壞。

語音辨識則是有助於預防犯罪。一般的想法是事先設定好類似犯罪相關的聲音，例如尖叫聲和槍聲，如果在黑暗中偵測到類似聲音時，就可以立刻切換到監視器畫面。

以下我們將介紹在不久的將來應該會有更多發展的圖像、動畫影像、語音等數據分析相關的一些配套措施。

 **語音感測**

語音的感應主要是使用麥克風。現在已經可以透過偵測人與人之間的對話音量和語氣，預測這個場所的氛圍。這裡筆者想介紹一個目的在改善餐廳服務的實證實驗，該實驗是由 Uhuru 公司和 SECTION EIGHT（日文：株式会社セ

クションエイト）旗下的一家專為介紹男女相識，名為「相席屋」的居酒屋共同進行。

居酒屋的座椅上都裝有麥克風的氛圍感測器，並且使用獨特的算法來分析周圍的狀況。如果氣氛愉快活潑，則可以看到所獲取的感測器數據的波形波動會大於參考值。相反的如果氣氛較為平淡的話，則所看到的波形，相對比較平坦沒有起伏。這種差異狀況會非常的顯而易見。工作人員也可以在行動裝置等的設備上即時監看分析，以便掌握每個桌組的現場氛圍。還可以根據客人的狀況，適時地調配座位，以提升客戶的服務。

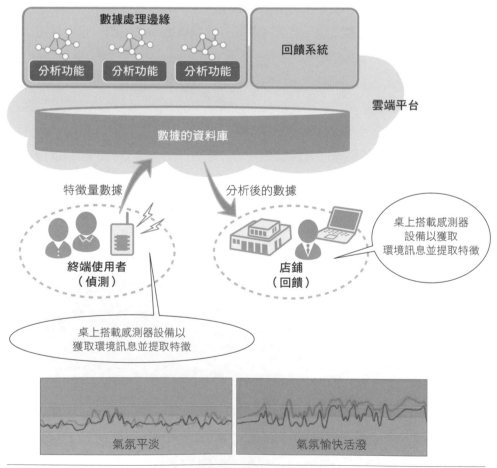

## 鏡頭影像感測

　　日立造船（Hitachi Zosen）提供了一種解決方案，該解決方案主要是使用攝影機監控垃圾焚化爐中的焚化爐火焰，再根據圖像分析，優化燃燒的方法。為了有效地焚燒垃圾，必須控制空氣的進入量和垃圾的投入量。 因此，日立造船就在焚化爐中，安裝了特別開發的攝影機，再從圖像中進行火焰的顏色、形狀、位置、動量等的識別，進而比較各種的燃燒模式。

　　如此一來系統就可以正確判斷，焚化爐是否正常燃燒、是否有任何異常產生。在這個模擬的系統，燃燒方法總共分為八種模式，還透過結合測量數據的歷史記錄，進行最佳運轉方式的選擇。以這樣的方式，大約經過一個月的數據累積、分析，選擇的判斷準確度可以提高約 80％。

 ## 人的感知

　　從光學攝影鏡頭所取得的影像和圖像，可以推算一個人的性別和年齡。此外如果可以事先登錄特定個人的面部特徵，就可以識別這個特定的個人。這些技術目前主要運用在預防犯罪、改善零售銷售的客戶服務、提高銷售能力和辦公室接待服務的應對等，今後的運用想必一定也會愈來愈多。

　　例如，日本的 Aroba（日文：株式会社アロバ）所提供「Aroba View Colo」，就可是提供網路攝影機的圖像分析、對於來訪者的人數、屬性和情感等的分析服務。具體上可以執行以下的數據處理。

① 藉由 Aroba 邊緣端的軟體，可以針對攝影機圖像進行整形，可以大大減少數據量

② 整形後的圖像數據　可以傳輸到 Microsoft 的 Azure Cognitive Services

③ 使用 Face API 可以進行人臉辨識、使用 Emotion API 則不僅可分析情緒、還可以判斷人的年齡、性別、面部表情

④ 使用 BI 工具的 Power BI 製作報表

至於 Aroba View Colo 的應用案例，我們可以列舉 Tokyo Summerland（日文：東京サマーランド）的客戶分析的例子。Tokyo Summerland 長久以來，一直針對客戶族群的掌握程度和滿意度調查等不斷地進行評估。單純由櫃檯和設施的工作人員的感覺進行調查，普遍認為來園客人，應該是女性占比較多數，但是，根據實際裝設在樂園入口處的網絡攝像機分析，結果顯示實際上卻是男性的顧客比較多。以這樣的例子看來，取得正確的訊息才是展開行銷策略前的重大成果。

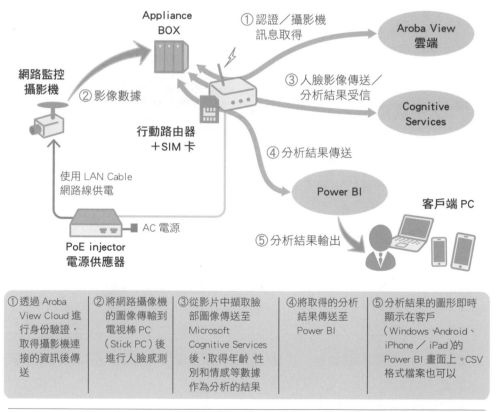

| ①透過 Aroba View Cloud 進行身份驗證，取得攝影機連接的資訊後傳送 | ②將網路攝像機的圖像傳輸到電視棒 PC（Stick PC）後進行人臉感測 | ③從影片中擷取臉部圖像傳送至 Microsoft Cognitive Services 後，取得年齡 性別和情感等數據作為分析的結果 | ④將取得的分析結果傳送至 Power BI | ⑤分析結果的圖形即時顯示在客戶（Windows、Android、iPhone／iPad)的 Power BI 畫面上。CSV 格式檔案也可以 |
|---|---|---|---|---|

❑【圖表 5-22】Aroba 的「Aroba View Colo」所提供 Tokyo Summerland 的應用案例

# 5.6

# AI 人工智慧與數據的應用

## AI 人工智慧概要與使用

目前市場上和 IoT 一樣被受關注的還有人工智慧（AI，Artificial Intelligence）了。現在被稱為第三次人工智慧的浪潮，也是 AI 人工智慧實際上在商業實務上的應用，比以往的任何時候都要多。

只是，現在還有一個問題。現在不管什麼都可以稱為 AI，例如應用大量數據的機器學習和機會學習、甚至傳統的統計方法、圖像識別等，好像全都可以稱為 AI。其實，隨著以深度學習為代表的進化式演算法和自我學習神經網路的發展，未來的 AI 勢必是走向一個自動分析的世界，筆者本人也非常期待這個時候的到來。

但是，目前的 AI 還是以輸入大量的數據和學習為前提。如果沒有蒐集、投入大量的數據，很難提高 AI 的能力，的確這也是目前存在的瓶頸。

我們也經常誤解「只要導入 AI，AI 什麼都可以做」，在目前這個時點，AI 並不是魔杖。基於這樣的考量，以下，筆者將介紹一些有關 IoT 和 AI 人工智慧相結合，所帶來的各種可能性。

## AI 人工智慧的謬誤

2016 年 12 月，顧能（Gartner）曾經發表關於人工智慧（AI）的 10 個常見誤解。以下介紹的十種狀況，完全是被誤解或是對 AI 的過度期待，與現實有非常大的一段距離。

① 非常聰明的 AI 已經存在。

② 任何人都可以透過導入諸如 IBM 華生（Watson）之類的人工智慧程式，進行機器學習和深度學習之後，立即可以從事一切「令人讚嘆的事情」。

**5**

數據的分析必須以應用為前提

③ 有一種單獨存在的技術稱為 AI。

④ AI 導入後，效果可以立竿見影。

⑤ 「非監督式學習」優於「監督式學習」，因為無須定義就會了。

⑥ 深度學習是最強的。

⑦ 可以像選擇電腦語言一樣選擇演算法。

⑧ 有一種任何人都可以立即上手的 AI。

⑨ AI 是一種軟體技術。

⑩ 結果 AI 並不能成為可用之物，所以沒有意義。

像這樣當我們談論 AI 人工智慧時，我們很容易傾向於 AI 就是一種非常聰明的東西，應該從事任何的事情，但是 AI 還沒有達到這樣的能力。還有人會說「工作都要被 AI 搶走了」，其實到目前為止，這些都還不會成為問題。

目前的 AI 最有可能的就是，有可能替換處理工廠生產線上的一些簡單的工作。AI 能夠處理的，也只不過是類似流線式生產線上不斷重複的單作業模式，這樣的工作 AI 就能夠勝任。例如建築工地等，許多的工作環節，可能都有不同變化的情況，AI 應該是還無法應對。

換言之，諸如事物的創新、決策的制定和錯誤的處理等，不屬於既定行事的處理過程，對 AI 而言都還是沉重的負擔。

 **AI 的學習需要大量的數據**

AI 與買回來即可使用的家電是不一樣的。為了提高準確度和能力，必須使用大量的數據進行練習。如果在業界有一家公司，領先業界較早開始使用 AI 進行學習的話，這意味著這家公司，將具有比較領先的優勢。但是，這也僅是意味著，這家公司為了大量數據的學習，比較願意花費較長的時間罷了，沒有比較大資本企業的投資，還是很難得到比較有成效的結果。

而且，在許多情況下，僅就一個企業或一個業界領域的數據，實在是不足以創造新的商機。如果沒有加入其他各種企業所擁有的數據或是公開資料、SNS 上的資訊等，應該很難獲得較有意義的結果。

為了解決這個問題，有必要與擁有數據的各種公司合作並共享資料，如第四章和第五章的 5.4 所述。或者需要一種能讓數據流通的機制。

然而，AI 學習的方向與人類控制機器的學習不同，AI 會自己判斷，決定自己要學習的內容，所以學習的結果，也有可能是一個意想不到的方向。由此可知，當決定讓 AI 進行學習時，必須好好思考希望提供 AI 什麼樣的數據進行學習。

 **各大超級平台所推出的代表性 AI**

Google、IBM、Microsoft 和 Amazon 這些超級的雲端平台，近來先後都發表了屬於他們自己的 AI。每一個 AI 的版本，在現實的模式和功能上，都有稍微的不同，以下我們就簡單地列表說明一下每個版本的功能。

❏【圖表 5-23】各大型平台所提供的 AI 服務概況

|  | Google DeepMind／Deep Dream | Google Cloud Platform | IBM Watson | Microsoft Cortana | Amazon Lex/ Rekognition/ Polly |
|---|---|---|---|---|---|
| 主要的提供功能 | ● 圖像辨識<br>● 自己學習<br>● 繪圖 | ● 圖像辨識<br>● 聲音辨識<br>● 學習資料庫 | ● 圖像辨識<br>● 自然語音辨識<br>● 精確度判斷<br>● 支援判斷決策 | ● 自然語音辨識<br>● 圖像辨識<br>● 自己學習 | ● 聲音辨識<br>● 聲音合成<br>● 圖像辨識 |

※ 各家平台所代表的服務摘錄

IBM 的 AI 稱為華生（Watson），也是可以稱之為 AI 的服務。IBM 本身並未將華生認定為 AI，但本書從廣義的角度，覺得應該以 AI 來介紹。華生可以稱為多個認知判斷解決方案 Cognitive Services（認知服務）的集合體，這個解決方案提供了大量可用於各種服務的 API（Application Programming Interface，應用程式介面）。

Google 的 AI 雖然就是曾經在圍棋比賽，擊敗世界頂級好手而聞名的 Alpha GO。但 Google 在 Google 雲端平台還提供了 TensorFlow、Speech API、Vision API 等多款的 API。這些都是經過深度學習的 AI 資料庫，例如提供經過學習的圖像辨識、語音辨識等 API。

Microsoft 的認知服務（Cognitive Service），就如同 IBM 的華生，主要是語音和圖像辨識的統合環境。在前一章節曾經介紹的 Aroba View Colo 就是使用了這項經過學習的服務，來進行性別和年齡的判別。

Amazon 的 AI 包括了搭載聲音辨識音箱 Echo 的語音辨識引擎 Amazon lex、聲音合成引擎的 Amazon Polly 和圖像辨識引擎的 Amazon Rekognition。

## 即使是少量的數據也可以提供 AI 學習的服務

如果想嘗試將 IoT 的數據應用於 AI 時，重要的決策關鍵，就是學習的時間和費用。因此，大約在 2016 年左右，已經開始出現「AI 最少可以縮短多少學習時間？（或是進行 AI 學習，可以減到最少的數據量？）」，就不斷聽到類似這樣的聲音。

例如，日本的 FRONTEO（日文：株式会社 FRONTEO）就提供 KITBIT 的 AI 引擎。KITBIT 本身非常擅長分析大量的數據，即使是不存在的大量數據，也可以進行有效地學習。以下是該公司的官網，針對KITBIT的介紹中的一段文字。

> 即使是人工智慧的領域，想在事前就備好充分的學習準備，其實是一件很困難的事。通常，人工智慧所要的學習數據量，會伴隨著目的、數據的性質、預期達到的表現等，產生許多復雜的變化。KIBIT 的存在，就是可以在非常有限的數據量狀況下，進行重複的學習、提高學習的效能，可以使用最少的學習數據量，發揮最高的效能。

根據數據的學習情況，再透過加權的優化計算方式，就可以自動提高需要判斷的結果召回率（Recall）。未來，應該還會有這種非大數據（Non-big data）也可以進行學習的方法會陸續登場。這樣一來必定可以大大加快學習的速度。

❑【圖表 5-24】FRONTEO 官網（https://www.fronteo.com/）

# 5.7

# 數據應用相關的顯示通知與
# 分析結果的回饋

 **分析結果通知的重要性**

累積的數據進行分析之後，進行分析後所得到的新提案或是新的商業模式檢討的同時，還是可以一面蒐集數據　面採取行動，這也就是我們所謂的 IoT 的應用。

所謂可以採取行動的時機，有以下幾項相對簡單的情況可供參考：

- 蒐集的數據超過一定的門檻時，即可顯示通知
- 數據執行傳輸時，即可顯示通知
- 如果一段時間之內的數據傳輸發生中斷時，即可顯示通知

顯示通知的方法可以是：簡訊通知、亮燈通知和提示音通知等多種方式。類似這樣的行動作法，也可以進一步引用於機器設備在遇到某種緊急的狀況時，也可立即採取相對的應對管控。

透過上述的方式，達到即時通知和即時採取行動的作法，理論上，應該就可以實現智慧工廠和遠端維修保養的工作，但是如果想要追求更精準的即時通知和控管時，還是必須在費用與準確度之間取得一個權衡的抉擇。也就是說，IoT 數據的應用也和一般的系統開發一樣，必須權衡期待達到的目標和現實的狀況。所以務必要注意的是，「可以做是…」和「一定要做是…」不會一定是一樣的。

在本章的最後，我們會說明，如何形成分析結果的通知等回應訊息的方法。

 **智慧型手機等行動裝置的通知**

可以連接系統最方便的通知方式，應該就屬智慧型手機等的行動裝置設備

了。也就說，傳送到雲端的數據，進行了分析和形成可視化的資料之後，就可以訊息的方式，傳送到智慧型手機的 App。

　　例如，日本 Strobo（日文：株式会社 Strobo）所提供的居家安全服務 leafee，因為是使用搭載藍芽的智慧型手機與開關感測器的 leafee mag 連動，非常容易安裝，所以非常受到歡迎。該款的感測器也可安裝在大門、窗戶、空調擋風板上，隨時可以監看感測器的開關狀態，甚至外出時也可以透過智慧型手機隨時查看 leafee mag 的感測器訊息。

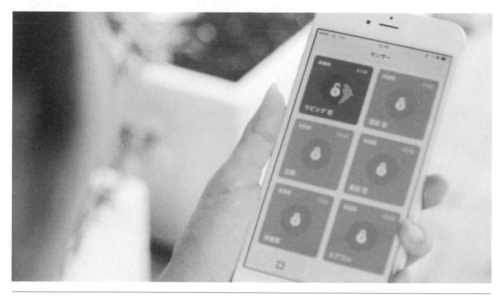

❑【圖表 5-25】Strobo 居家安全服務系統的「leafee」App 畫面

 ## 可以提供更多人訊息觀看的數位看板裝置通知

　　很多的商業場所，在標示顧客的商場動線時，通常會在人群較多的地方，擺放數位看板作為動線引導的指示通知。在這種情況下，看板上所顯示的內容，一定不能是 BI 工具所產生分析結果的直接投射，一定是要那種簡明扼要，非常容易觀看的可視化資料。

　　如果想要反映即時數據的分析結果，從前，通常會使用折線圖或是條形圖這樣的簡單表達方式。但是，為了讓分析結果的內容，更簡單明瞭形成可視化

的狀態，筆者的公司 Uhuru 就提供一款稱為 INFOMOTION 的工具。

透過即時動態和人潮流動數據的連結，以一種直覺上較易理解的視覺表達方式的畫面呈現。這個視覺表示，也很重視判斷下一個可能行動連結的設計。

面對這種需要一次通知很多很多人的數位看板，首先就是必須要一目了然。 不僅如此，還必須能讓人一眼就能了解公布者想要採取的行動，所以一定要特別重視內容的可視化。

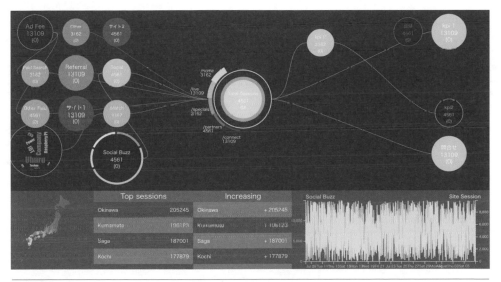

❑【圖表 5-26】Uhuru 的 INFOMOTION 數位看板畫面

##  E-mail 方式的通知

IoT 系統的服務，如果基於預算上的考量，並非所有的服務都需要即時化。如果可以透過 e-mail 的方式進行警報的顯示、警告、連絡、確認等的通知，市面上就已經有許多像這樣非常完整的系統。例如可以即時以電子郵件通知的方式，通知工廠作業現場的作業人員及管理人員，及時掌握系統的異常或是機器的稼動狀況等等。

這種透過電子郵件的通知方式，筆者所屬的 Uhuru 公司就開發了一款有關遠端風力發電機渦輪的監控系統。安裝在風力發電機渦輪上，針對發電量、風

速等所蒐集的感測器數據，都是由 SCADA（Supervisory Control And Data Acquisition，電力監控系統）進行監控管理。數據由該系統傳送到雲端，並在雲端的數據倉儲 Treasure Data Service 中進行匯總。然後，再將需要分析的數據傳送到使用 Salesforce App Cloud 所建置的工作清單管理、客戶管理和合約管理等的業務型應用程式。透過這樣的方式，對於風力發電機的運作狀態，即可進行集中的可視化管理，維修人員也可判斷是否進行維修保養作業。也可以藉由這樣的系統，判斷應該簽署什麼樣的維修保養合約。

而這些雲端服務之間的數據連結，就是由 Uhuru 公司所提供稱為 enebular 的 IoT Orchestration Service 進行 IoT 服務協作。所謂的 IoT Orchestration Service 是一種在各種的裝置設備、數據源和雲端應用程式之間，以一種最適當的連結方式協作，進行數據的蒐集到存儲等的服務。

在風力發電機的案例中，美國的 Salesforce.com 的服務就安裝了可以形成可視化和維修保養作業的應用程式。關於通知維修人員異常發生的部分，維修人員即使不看應用程式的螢幕，也可以採取既簡單又緊急的方式發送，所以就會採用電子郵件的方式進行通知。

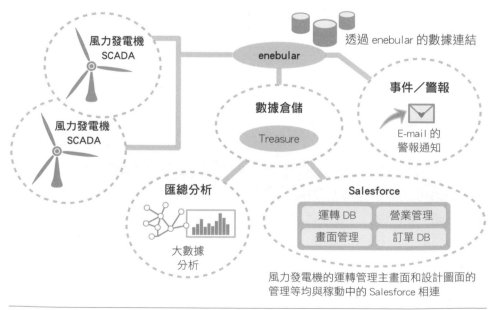

□【圖表 5-27】風力發電機管理系統示意圖

## 較易喚起使用者注意的 Line 或 Slack 通知

　　最近的通訊方式已經開始傾向於較高品質的通訊方式。即使是 IoT 服務，首選也傾向於使用像「對話」一樣的擬人化方式進行通知。愈來愈多的企業也增加採購現有 LINE 或是 Slack 的通知功能。

　　之前我們曾介紹過的居家安全服務的 leafee，因為該款服務可以與 LINE 連結，因此使用者可以使用 LINE 的應用程式，進行 leafee 的服務。除了通知的聯絡之外，當使用者外出時，只要在 LINE 上進行如：「關門了嗎？」等的對話，系統就會立即檢查門窗的狀態，並立即回覆通知。

　　與警告燈變成紅色的通知方法相比，當工廠的機器設備即將要發生故障時，與機器「交談」的通知方法更能讓人意識到「應該立刻採取行動」。

❑【圖表 5-28】可以在 LINE 上使用的 leafee

 ## 電話或 SMS 通知

　　除了智慧型手機的 App、E-Mail、LINE 等的通知方式之外，使用電話、手機簡訊的 SMS（Short Message Service，簡短訊息服務）等的通知服務也陸續登場。

還有所謂的 Twilio 平台，可以透過網路服務，連接電話和 SMS 的平台服務，也愈來愈多人使用。例如，當感測器偵測到溫室的溫度超過臨界值並且轉變成異常值時，這時雲端也會接受到警訊，Twilio 可以立即進行編程，透過 Twilio 的 API 跟負責的人員撥打服務的電話。

 ## 即時分析、即時控制的需求已經開始

近年來，愈來愈多的應用程式需要取得即時的數據，以便進行串流數據的分析，並且對其進行即時的控制。例如，自駕車在行駛當中就需要即時的掌控。此外還有，利用攝影鏡頭一邊進行攝影監控，一邊進行數據的分析，當人的移動路線改變時，系統也會即時進行更新，並且顯示即時的路線指引。

進行即時的數據處理之後，立即可以根據處理後的即時資料，進行即時的控管，這樣的功能模式的運用，今後一定會愈來愈多。而且現實的技術環境也是朝向這樣的模式發展。特別是通知和顯示的方式，現有的工具也已經可以非常容易套用。

但是，如果希望全面的進行控管，現實上還有許多措施尚未完備。特別是，當實際的環境不可見時，僅僅是透過感測器數據之類的結果，就對遠端進行監控的作法，至今仍然存有某些爭論。如果還涉及即時的實境控制時，還可能變得更加困難。

尤其身為一個技術人員必須要小心謹慎的是，即時數據由分析到形成可視化，都已經是如此的簡單就能達成，但是未來還是不可知。分析的結果回饋回覆給現場、實境和作業人員，進而達成適當的控管、行動就是創造了重要的價值。所以請務必要有這種創造價值的意識，再進行系統的建置。具體而言，就是應該多方了解更多的分析方法、可視化的形成、通知方式和控制方法。然後，從小型環境開始，進行反復的 PoC 概念驗證，藉由反復的試驗和錯誤才能達到執行層次的最優化。

# 第 6 章

# 日益重要的 IoT
# 系統操作

# 6.1

# IoT 系統操作時的應注意事項

## 技術操作時的注意事項

IoT 系統在操作上,最開始可以先以 PoC(Proof of Concept,概念驗證)形式的小規模方式開始,之後就可以隨著操作的規模逐步擴大。當規模慢慢變大時,必須特別注意以下 3 件事。

① 連接的裝置數量會愈來愈多
② 針對不同部門與使用者的 App(應用程式)數量也會愈來愈多
③ 數據量會呈現海量的增加

以上問題所涉及的數量增加,雖說是 IoT 系統的固有問題,但也絕不容忽視。對於上述的 3 點的應注意事項,在進行 IoT 系統操作的同時,就應該事先擬定對應的策略。

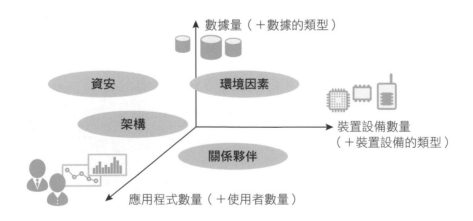

❑【圖表 6-1】形成操作管理上日益複雜的因素

除了上述 3 個應注意事項之外,當然還存在其他問題。例如,當系統的應用達到一定的規模時,所涉及的合作企業勢必也會隨之增加。屆時,各方的權

責關係相對也會變的更加複雜，系統的操作想必也會變得相對的困難。也會因為各個企業所使用的體系架構的不同，各項的管理重點也會變得繁瑣，當然管理上的操作可能也會因此變得更加複雜。

在本章節，我們將針對各種的應注意事項分別說明。

##  IoT 系統的裝置設備數量增加時的應注意事項

IoT 系統中，會有愈來愈多的裝置設備必須連接網路。當商業的模式達到一定規模時，裝置設備的增加，也可以說是成功模式的一種。但是，從系統操作的角度來看，裝置設備的增加相對地也會帶來各種的擔憂。

所謂的擔憂，並不是單純地只是數量上的增加所造成管理上的困難。因為往往問題並不在於設備個數上的增加，而是各種不同類型的設備的暴增，如何同時進行網路上的互連。雖是統稱為裝置設備，事實上是涵蓋了種類繁多的各種機器，例如 IoT 的 Gateway、邊緣設備、搭載各式感測器的設備、單項的感測機器、裝載微型電腦的機器設備以及監控攝影設備等各種各樣的設備。

這麼多的裝置設備在操作時，區分歸納不同類型的設備並集中管理是有一定的必要。隨著數量和類型的增加，在何處，有哪種的裝置設備正在運作、操作狀況如何等等也會變得愈來愈難以掌握，更何況是時勢所需的即時管理和控制，勢必也會變得愈來愈困難。

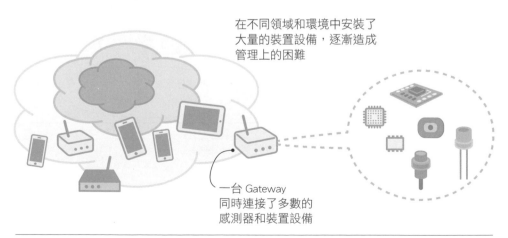

在不同領域和環境中安裝了
大量的裝置設備，逐漸造成
管理上的困難

一台 Gateway
同時連接了多數的
感測器和裝置設備

【圖表 6-2】裝置設備增加時的應注意事項

**IoT 系統的應用程式數量增加時的應注意事項**

　　隨著 IoT 系統的不斷發展，所提供的服務範圍也將會愈來愈廣泛。也就是說，提供用戶的應用程式數量，也會隨著各種商業服務的範圍擴大不斷的增加。所以針對各種應用程式的功能擴展，還是有必要進行不斷的開發投資。

　　當應用程式的類型不斷地增加或是應用程式的功能持續地擴展時，此時必須注意的是，應用程式間務必避免功能上的重複。例如，計費和認證等的功能，常會因為分別委託了不同的開發公司，而容易造成功能上的重複。

　　此外當應用程式的使用者數量暴增時，包含用戶管理等的系統操作管理問題也會成為重點。其中當然還包含了使用者個人的個資保護，還有應用程式的增加所涉及的各種問題。

　　另外，隨著系統使用的極大化，隨之而來的便是服務和應用程式數量的快速不斷地擴張，這時可能會導致現有的操作和維修保養資源難以負荷。這也是應該要注意的問題之一。所以服務和應用程式的導入時間，也是要非常小心拿捏。

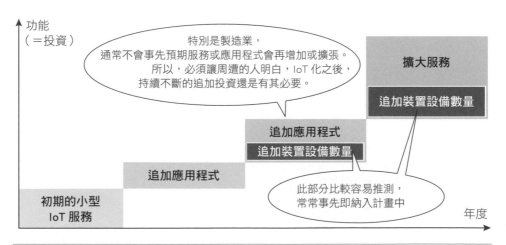

❑【圖表 6-3】追加服務／應用程式與繼續投資的必要性

## IoT 系統的數據量增加時的應注意事項

　　隨著各種的應用程式開始進入實際的操作，針對透過這些應用程式所進行的各項交易而產生的數據量，可想而知必定是呈現爆炸式的成長。事實上也是如此，現實中所產生的數據和資料數量，絕對是遠超過當初所預期的規畫，而緊接而來的則是，擔心整體的通訊環境和數據存儲問題所帶來的壓力。

　　關於存儲，一般的狀況可以藉由壓縮和封存歸檔，來減少所應存儲的數據量。但是，如果為了節省空間，對於數據正在累積的當下，便立即進行壓縮封存，在此同時如果也想進行用戶的年度使用分析比較時，數據的處理可能會變得很複雜。所以在規畫儲存時，就應該事先規畫好，應保留什麼樣的數據不進行封存，或是什麼樣的數據應該被保留不可丟棄。

 ## 企業合作夥伴增加時的應注意事項

　　IoT 系統能夠成功的其中一個關鍵因素，就是能和多家的企業建立相互合作的生態關係。藉由剛開始的系統操作，慢慢走向穩定發展，參與該系統的企業家數量通常也會隨之增加，這樣良性循環的走向，也可以說是成功的條件之一。

　　但是，隨著參與系統的企業家數的成長，每個企業所帶來的解決方案數量也會隨之增加。操作的方法和管理要點當然也會有所不同。那是因為各家企業的架構通常不會相同。因此，必須留意以下各家企業的各種不同事項。

- 產品和服務的技術規格不會一樣
- 產品和服務的操作和維修保養週期不會一致
- 操作和維修保養相關的合約內容事項不會相同
- 資安的要求條件和規格不會一樣
- 操作的品質內容程度不會相同
- 營運方針、管理週期和管理工具等各方面存在差異
- 所連接的節點相關的資安管理要點，會因點而異
- 隨著分界點數量的增加，操作的功能畫分可能會變得更加複雜

　　不同的解決方案會形成不同的連接點和介面。也由於在體系架構上的不同，解決方案之間（或是供應商之間）的操作策略和管理方法也會有所不同。如果明明知道參與的企業之間存在著各種不同的差異，卻試圖強行將擁有各種不同差異的技術加以組合，如此一來所形成操作上的複雜度，應該會是一種很難實現的操作等級。所以，重要的不是每個不同解決方案／供應商／合作夥伴企業等的不同操作管理策略是什麼，而是應該要建立一個共通的通用規則。這個規則必須定義所應遵循的資安要點和管理循環（Management Cycle）。而遵循這樣的規則，所形成的監控環境也是必要的。

　　在下個章節，我們將按順序說明，解決本章節所提及的操作課題上的各種應注意要點。

# 6.2

# IoT 系統的操作要點

 **系統執行時應考慮的類別整理**

在上個章節，我們說明了有關 IoT 系統操作時可能產生的各種應注意事項。為了能夠謹慎處理這些的操作管理問題，以下我們會將操作管理畫分多個區塊，並針對各個區塊，進行應注意重點和對策的檢討。

所謂畫分的區塊分別為：裝置設備的操作管理、網路的操作管理、資安的操作管理、數據的操作管理、應用程式的操作管理和使用者的操作管理等六個領域。

| 裝置設備的<br>操作管理 | 網路的<br>操作管理 | 資安的<br>操作管理 | 數據的<br>操作管理 | 應用程式的<br>操作管理 | 使用者的<br>操作管理 |
|---|---|---|---|---|---|
| 系統結構和共通的基礎架構 | | | | | |

❏【圖表 6-4】區分統一系統架構的管理領域

筆者認為應注意要點的第一項，是必須**統一體系架構的，進而整合系統的所有操作程式，或是進行操作系統的模式化**。通常隨著系統的擴張和使用系統企業家數的增加，各種不同的體系架構數量的增加也是必然，所以將這樣的各種相異調整為一致的體系架構，使整個系統不至於變得愈來愈複雜、愈來愈難駕馭，是應注意事項的第一個重點。此外還有一個重點，就是管理監控的所有要點也必須固定，並儘可能使用共通的監控工具集中管理操作。

以下我們將就上述所畫分的每個區塊，分別就其個別的操作管理要點加以整理說明。

## 裝置設備和網路的操作管理

對於數量不斷增加的裝置設備，在系統設計的早期就規畫好階段性的日程藍圖（Roadmap）非常重要。萬一使用狀況超出原來的預期，雖然可能很難進行調整，但是如果沒有事先規畫 Roadmap 的話，就可能連變動調整的餘地都沒有了。所以首先一定要制訂一個明確的方向，例如：「什麼時間階段」、「導入什麼樣的裝置設備」、「多少的台數」等。在操作的初期階段，對未來資源的確保，一定要有某種程度的規畫，並且在規畫日程到達之前，就應該事先備好規畫的運作承載能量。

此外裝置設備進行連接時，一定會產生使用者身分驗證的必要程序。在之後的第 7 章，我們還會另外詳加介紹，一些容易招致類似惡意程式等各種安全威脅的無需加密、或是無需驗證的網路連接環境。所以裝置設備的網路連接的使用者身分驗證，時時刻刻都必須要保持有效的監控。

另外，我們都只知道系統中，有許許多多的裝置設備都必須透過網路相互連接，這也就是說，所有的裝置設備都必須保持始終連線的狀態。雖然 IoT 系統的所有裝置設備，不會在同一時間同時運作，但是網路的承載，還是有必要以連接時的高峰狀態作為設計的基礎。

例如，我們以早上一早系統的啟動與晚上系統的睡眠模式的操作設計為例。在這樣的模式下，裝置設備會在早上的第一個固定時間一次全部啟動，此時所有的設備會在同一時間進行網路、身分驗證等的連接服務。所以確保系統在網路的尖峰狀態，也可以進行順暢的連接是非常的重要。同時還必須制訂一套網路尖峰時段的操作準則。

我們前面談及了裝置設備數量的增加，事實上裝置設備數量的增加不單純是台數上的增量，設備類型也會隨之多樣化的成長。當然，數據整體的流量也會不斷地上升，但是，還是可以分辨得出，尖峰和離峰時間的數據流量或多或少的差異。此時，數據流量的增減和網路資源的使用狀態等的相關監控就顯得非常的重要。因為我們需要一個靈活的系統，可以隨時進行網路使用狀態的調整。

因為談到網路，我們必須立即意識到的是網路的通訊費用。特別是使用諸

如 3G 和 LTE 之類的行動無線網路，所使用的網路資源和網路用量，每分每秒就是直接反映了通訊的成本。因此，與通訊費用息息相關的網路用量的即時監控還是有其必要。針對數據流量過於集中的尖峰時間，適度地進行可編程的操作，也常被認為是有效的操作。

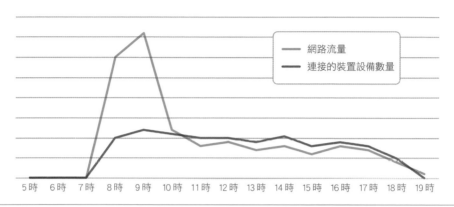

□【圖表 6-5】裝置設備同一時間啟動所導致的網路流量瞬間爆增示意圖

## 資訊安全的操作管理

藉由裝置設備連接到雲端的 IoT 系統，在安全管理上有多個必須要注意的重點。裝置設備端當然一定也是，甚至於雲端也有管理上的應注意事項。詳細的內容，我們會在第 7 章另行介紹，以下先僅就近期所發生的資安事件，探討其原由。

- 沒有即時變更 IoT 網路和網路的後台管理系統上的預設管理（Default Administrative）的管理員密碼。
- 沒有即時安裝最新的資安修補包（Security Patch）
- 沒有即時進行裝置設備韌體（firmware）的更新

這些都是非常簡單的人為失誤，通常都是不應該發生的卻發生了。就後台管理系統的預設管理員密碼而言，更是不應該的失誤。所以每個資安環節的 SOP 制定，就顯得非常重要，現在這些的要求都應該成為系統操作管理點的基

本要求。

- 管理員密碼應更改為強度較強的密碼
- 定期更新最新的資安修補包（Security Patch）
- 定期進行裝置設備韌體（firmware）的更新

　　即使採取了以上的措施，還是可能會遭受各種資安上的威脅。因此，有必要在組織內部建立一套機制和規則，以便在發現威脅時，可以立即採取相關的應對措施。

 ## 數據的操作管理

　　隨著連接設備數量的增加，可以蒐集的數據量也是急劇的增加，但是要如何將這些蒐集的數據歸檔封存，卻不是一件容易的事。因為所蒐集的數據必須要以最佳的形式進行存儲，以便用戶使用者隨時的運用，還必須能夠根據數據的類型，隨時提供數據的應用。

　　在進行即時分析或是串流數據分析時，數據會因為需要的不同，存儲和蒐集的方式也會有較大的差異。分析前的原始數據（Raw Data）和分析後的次級資料（Secondary Data）等的管理，都必須嚴格地遵循操作的使用規則。如果不這樣做，最終可能都無法整理出與該數據相關的版權和所有權，當然也無法使用相關的數據和資料。

　　例如，所蒐集得來的數據，來自於業務合作夥伴的裝置設備時，合作夥伴可能可以在數據分析之前，聲明原始數據的所有權。但對於數據進行處理、編輯和分析後所形成的次級資料，進行處理的公司即可主張擁有使用的權利。這些不同的權利擁有者，都應該要有明確的管理運作。

 ## 應用程式的操作管理

　　IoT 系統中的應用程式（App），其數量當然也是持續不斷地增加當中。有

關應用程式的操作管理，我們在下一個章節會有詳細的說明，但是在這裡一定要提醒的一點就是，絕對要避免在沒有任何規則的情況下，不斷地任意增加應用程式。

從操作角度來看，有效的管理和監控，才能確保所安裝的應用程式進行最有效率的運作。換句話說，應該要儘量消除每個應用程式特有的操作因素，而都能夠在同一個共通的平台上進行操作，並且所使用的管理控制台等的工具也應該盡可能地統一和標準化。

另外，也必須從應用程式使用者的角度，思考如何達到操作的便利性。如果使用者每連接一個應用程式就必須登入一次使用者的帳戶和密碼，一定會造成很大的不便。應該設定一套完整的操作程序，例如只要透過一次的平台登入，就能在共通的環境，執行各種可能的應用程式等等。

 ## 使用者的操作管理

對於 IoT，我們通常比較專注於裝置設備的運作管理。但是，隨著各種不同應用程式的增設，使用者用戶也會隨著增加。所以如何管理不同的使用者帳戶和不同使用權限，也成了隨之而來的另一個需要注意的課題。

如何授權使用者帳戶的連結和連結的權限設定等和個人電腦、行動裝置的操作都是同樣的複雜。從管理的角度來看，最重要的還是什麼樣的使用者、使用什麼樣的裝置設備、需要什麼樣的數據資料、需要連結那一個層的感測設備等，這些都必須從整體的多層結構進行評估才可以。

在所有用戶管理項目中，用戶所能連接的權限設定也和其他一樣重要。所謂的連結區塊設定，我們可以簡單畫分以下幾個領域。

◉ 可以連結 IoT Gateway 的資源
◉ 可以連結 IoT Gateway 下的感測器設備的資源
◉ 除了上述資源的連結，還可以連結雲端上所儲存的數據資源

像這樣建置一個可以簡單執行各種的授權、變更等的管理體制，真的非常的必要。

**使用共通平台以降低運作負荷**

　　前面我們說明了 IoT 系統的各種操作要點。這些的操作要點如果是在每家企業各自為政的狀態下，要管理各家企業所有的操作，著實是件非常不容易的事，而且非常的耗費精力和成本。因此，如果想進行有效的策略性管理，唯有採用共通化的對策，可能才能達到期待的效果。也就是，盡可能地將裝置設備管理、網路管理、資安管理、認證管理、使用權限管理、應用程式平台管理等建立在一個共通的平台之上。建置了一個這樣的共通平台的同時，也架設一個的共通的基本體系架構，在這樣的架構之下才進行各種應用程式的安裝。

　　有了一個共通的基礎架構之後，自然需要管理的點就少了許多。不僅如此，透過這樣統一的基礎架構所建置的作業環境，也可以大大降低資安方面的操作風險。

　　此外因為可以在統一的環境中操作和監控來自不同的層和不同供應業者所提供的資源和解決方案等，所以理論上來說，就可以跨越這些資源和供應業者原來的各自的範圍，進行資源統合的數據分析。這也意味著在操作上可以有更好的運用，對於日益增加的系統運作，從中長期的角度來看，應該有望得到緩解。

❑【圖表 6-6】共通基礎平台概念圖

# 大量增加的應用程式
# 如何進行適當地整合與廢止

 **朝向應用程式操作的優化**

在前面的章節，我們曾經根據所區分的各種區塊，分別介紹了 IoT 系統操作時的要點。其中在操作管理的部分，因為各種的要素交疊而變得特別複雜的就屬應用程式的操作。因此，也可以嘗試在應用程式的功能上特別下工夫，例如，針對應用程式之間共同常用的功能，設計一個共通的模組和資料庫，並且安裝在共通的平台，以方便使用者的應用。

此外應用程式的開發，想當然一定也是隨著時間的推移而逐步增加。因此，我們也可以從 IoT 系統操作的過程中，覺得應該注意的事項以及從客戶那裡回饋回來要求改善的事項，選擇適合追加修改的項目成為程式開發的新內容。除了適當添加各種服務拓展相關的要件之外，與操作並行、開發時所需的 DevOps 理念也是至關重要（DevOps 在後面的章節將再說明）。

以下，我們將針對應用程式的操作管理作一詳細的介紹。

 **應用程式的增加取決於使用的頻繁與否**

在 IoT 的系統中，對蒐集和累積的數據進行時間序列的統計處理，並且透過這些數據與外部資料的結合進行分析。然後將分析的結果回饋給原來數據蒐集的作業現場，或者提供企業作為未來營運方向的相關預測。

即使數據應用的範圍，可能僅限於諸如工廠的作業現場這樣有限的領域，但是如果可以透過可視化的數據，形成明確的效果，其他的部門應該也想仿效學習，利用數據達到期待的效果。如此一來使用的部門愈多，使用的用戶也就愈多樣化。為了滿足使用者所期待的效果，希望應用程式更加充實的想法自然也就成為一種趨勢。

如果實際進行裝置設備的 IoT 系統操作的話，使用者應該很能感受，使用的範圍如果可以再多一點、再大一點一定會更好的感覺。通常剛開始嘗試使用 IoT 系統的使用者，最初的要求，可能僅是想了解裝置設備的運作狀態，所以只要可以監看、監控用來蒐集數據的感測器設備的運作狀況，就會覺得滿足了。但是，隨著操作狀態的可視化，下一步可能就是希望，當感測器發出偵測反應的同時，也可以藉由監控攝影鏡頭，進行作業現場狀況的確認。之後新的攝影監控數據可能就增加了，此時的應用程式已經變得比原來更加複雜，並且需要更大的網路頻寬。但是，不可否認的是，數據的應用範圍的確也正在擴大。

最初
僅想藉由人體
感測器進行判斷

透過應用程式判斷
人體感測器所偵測的
結果，並且預測當時
所處的狀態

當人體感測器產生反應時，
攝影鏡頭捕捉作業現場的
情況，進行拍照並將照片
傳送給管理人員

❑【圖表 6-7】希望取得更多數據的同時，應用程式也會隨之擴充

當 IoT 系統開始進行運作並且用途不斷擴大時，根據不同用途的應用程式，不可避免地也會隨之增加。因此，需要更有效地進行開發、執行和營運管理。

專　欄

### 亞洲圈所出現的逆向流程

在本章節，我們介紹的 IoT 系統，最初大都是以蒐集感測器數據為主，進而再添加監視影片數據的一串推演流程。但是，最近在中國和東南亞等幾個亞洲國家，情況卻是恰恰好相反。

原因是亞洲市場，推出了許多廉價的監視器設備，因此這些國家很多都是，一開始就使用這些類似網路攝影機（Webcam）的監視系統進行數據的蒐集。之後如果想再提高監控的準確度時，才會再加裝新的感測器設備，以提高監控的準確度。

## 應用程式的共通部分應朝向 APaaS 化

　　隨著應用程式數量的增加，很多工程師應該都會發現，應用程式中一定有一些功能是比較常被使用的。在第二章的 2.2，我們就介紹了 IoT 平台，這些就是常用功能匯集的平台。但是這裡我們要提醒的是，除了平台的操作之外，平台的共通化設計也是一大要點。

　　前面我們已經介紹過平台的標準化和基礎架構的共通化，對於應用程式也是如此。為了促進應用程式的開發和使用，藉由共通化所創造的各種功能，可以集中保存在功能資料庫和 SDK（Software Development Kit，軟體開發配套零組件）。 對內、對外都可以 APaaS（Application Platform as a Service，應用程式平台即服務）也就是共通的後端平台，發表這樣的服務。這樣的服務一定會對應用程式的開發、運作效率有所提升和擴展。

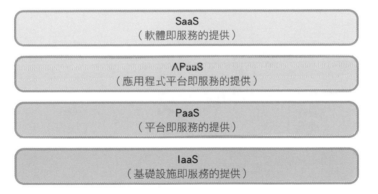

□【圖表 6-8】APaaS 概念圖

　　推行功能的共通化，看起來好像只有開發和管理應用程式的工程師會受益，其實，對於應用程式的使用者用戶也有好處。因為透過共通化的共享身分驗證和登入機制，可以讓使用者登入不同畫面時，免於多次身分驗證的麻煩。如果使用者由入口平台直接登入使用的話，即可使用平台上，以個人 ID 所連接每個應用程式或服務。此外數據的儲存資料庫也可以共通。對於終端的使用戶，一樣可以避免每個應用程式重複登入的繁瑣麻煩。

由此看來，IoT 系統的共通化共享各種功能的設計的確很重要。 此外進一步如何透過 APaaS 的轉換，提供更簡易的服務也是一大重點。

## 透過 DevOps 的操作，重新定義應用程式的內容

隨著 IoT 系統的操作，不僅是使用者，即便是工程師也會希望，使用的程式可以有更好的改善或是增加某些功能。對於實體性的產品，想要獲得立即性的改善可能很難辦到，但是如果是透過網路所提供的服務，就可以立即進行改進、達到立竿見影的效果。

此時，工程師需要的就是 DevOps（Development 和 Operations 的組合詞）的概念和方法。透過運作維持和提高客戶滿意度的同時，還可以一面藉由改善服務和發表新功能的一種方法。不僅可以達到應用程式的整合、廢除多餘過時的應用程式，也可以藉此推行 APaaS 的服務。

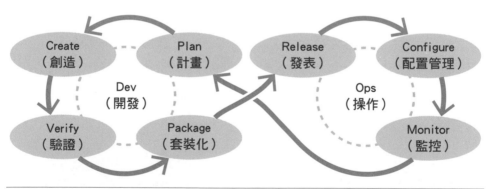

❏【圖表 6-9】DevOps 的概念圖

曾經我們認為所謂的「操作」，就是應該以穩定操作為目標，但是這樣的時代已經結束了。如今的重點已經轉換為，如何透過服務的提升更完善的「創造盈餘的結構」和「具有功能的系統」。所以，在系統工程師不斷嘗試開發的同時，使用者也應該提供有助於業務發展的想法。

與以往的基礎系統不同，IoT 系統的操作，很容易出現各種異常狀況。如果可以從每天都會產生各種異常狀況的高難度操作中，找到使用者的所需的要

點，進行程式的開發與改善，對於工程師而言，應該會是非常大的鼓舞。

##  數據的檢視應該朝向輕量化

DevOps 的方法不僅有助於常見的應用程式和系統的開發，還有助於達到數據輕量化的系統優化模式。

當使用者不斷地查看大量的數據分析報告時，一定會發現，有些數據是有意義的，有些數據則是不大有意義。高度有效的數據，有助於運作的改善和提供有意義的回饋。如果系統能夠識別數據是否有效，就可以不必要蒐集那麼多的大量數據。

例如，GE（通用）的飛機引擎一般會搭載 300 多個感測器，從前 GE 也是針對所有感測器所蒐集的數據，全部進行各種分析。但是，現在則是透過數據有效性驗證的篩選，據說已經將主要需要進行分析的數據，減少到感測器所蒐集數量的十分之一不到的數據。然而，沒被挑選進行分析的感測器數據也並非要丟棄。根據分析的目的，這些數據還是有可能會被使用。到底什麼樣的感測器數據才稱得上是有效的數據呢？則必須根據特定的目的，進行驗證才能得知，並且還必須透過數據的監控和特定感測器數據的因果關係／相關性分析，才能充分確保有效性數據的準確度。

除了感測器數據的篩選之外，數據的記錄週期也是數據驗證的一大課題。最初開始的階段，可以會針對即時記錄的數據群進行驗證，一旦數據開始趨近安定，可以進行穩定蒐集時，蒐集記錄的週期，便可以縮短為每 10 秒一次或每分鐘一次。如果數據量的負荷還是太大，則可再透過蒐集記錄的週期調整，朝向數據的輕量化，也是一種有效的對策。現實的狀況也是如此，有必要採取時時刻刻的即時監控區塊，也是僅限於非常高度需求的即時監控部分而已。

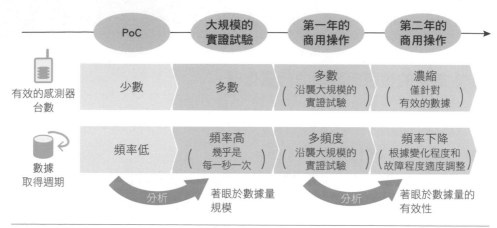

| | PoC | 大規模的<br>實證試驗 | 第一年的<br>商用操作 | 第二年的<br>商用操作 |
|---|---|---|---|---|
| 有效的感測器<br>台數 | 少數 | 多數 | 多數<br>(沿襲大規模的<br>實證試驗) | 濃縮<br>(僅針對<br>有效的數據) |
| 數據<br>取得週期 | 頻率低 | 頻率高<br>(幾乎是<br>每一秒一次) | 多頻度<br>(沿襲大規模的<br>實證試驗) | 頻率下降<br>(根據變化程度和<br>故障程度適度調整) |

分析 → 著眼於數據量規模

分析 → 著眼於數據量的有效性

❏【圖表 6-10】各種操作階段的數據輕量化示意圖

---

專欄

## PoC 後的「IoT 的黑暗隧道」

當企業開始計畫進行 IoT 的操作時，最初都會先使用 PoC 的概念驗證，由預算部門開始。爾後，企業如果要真正進行全面的操作，此時，就必須要再加入額外的技術驗證，重新整備企業的組織結構，形成企業整體都能適用的 IoT 平台。

有些無法明確指出使用 IoT 目的的企業，在進入全面運作時，往往沒有辦法順利擬定企業的事業計畫和預算。這樣的狀況通常會造成 6 個月或是更長的時間沒有任何的事業計畫。筆者將這樣的階段，稱為「IoT 時期的黑暗隧道」。

為了避免這種情況，想要進行 IoT 操作的企業，一定要儘早與公司其他部門合作，評估主要的目的、大概的事業模式和期望達到的效果，才能進行企業全面的 PoC。

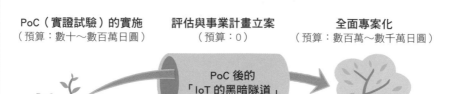

**PoC（實證試驗）的實施**
（預算：數十～數百萬日圓）

**評估與事業計畫立案**
（預算：0）

**全面專案化**
（預算：數百萬～數千萬日圓）

PoC

PoC 後的「IoT 的黑暗隧道」

❏【圖表 6-11】PoC 與全面運作之間的「黑暗隧道」

# 6.4

# 電池和感測器設備的更換等相關問題

## 作業現場的裝置設備的運作管理

為了使 IoT 系統的操作能夠順利進入狀況，應該要設計各種的 SOP 規則。尤其是安裝在作業現場的大量感測器設備，也是最容易被人忽視遺忘的設備。正如我們在本書中曾經提及的，安裝的感測器設備愈多，安裝的位置和操作狀態的掌握也就愈困難。所以有關這類裝置設備的運作管理，有以下幾點必須特別注意。

● 使用電池供電的 Beacon 設備等必須定期更換電池

● 感測器設備的使用耐久性低於所要監控的設備時，就有進行替換的時候。

● 裝置設備需要進行定期的當機維護管理，以便了解數據中斷時的原因，是因為通訊的中斷，還是設備的故障。

● 對於遠距大量安裝的裝置設備，必須制定規則和明確畫分職責，確定該由誰來進行維修保養。

● 對於放置裝置設備的場所，為了便於長時間的掌握，必須進行有關的位置管理。

IoT 系統的操作過程中，這些實體設備的維護和電池更換等作業，看似簡單卻是一項重要的作業環節。本章節我們將針對這些實體的裝置設備，可能面臨的問題和解決方法進行介紹。

## 電池更換的必要

在作業現場所放置的裝置設備，大多是只要連接電源就可以運作。但是，近來出現了許多使用電池供電的感測器設備，例如可以發出微弱無線電波的

Beacon 設備。

　　當然，使用電池供電的設備，在電池耗盡時一定需要更換電池。但是，隨著裝置設備數量的增加，更換安裝在不同位置的裝置設備電池，也會變得相對困難。因此，在開始運作時就必須採取以下的措施。

● 利用 GPS 或連接的節點，掌握位置訊息
● 掌握電池使用的可能壽命，並且提前更換電池

　　建築工地的施工現場，經常會利用 Beacon 來取得施工中的資訊，而這個蒐集資訊的 Beacon，可能在建築作業期間，就會被嵌入到梁柱的混凝土當中。因為對於這種價格相對便宜的裝置設備，拋棄式的使用方式也是一種不錯選擇。電池電力耗盡之後，不用再更換電池，再安裝一個新的 Beacon 即可。為何如此作為，主要是因為當電池的電力耗盡，想為所有 Beacon 更換電池時，可能很難找到當初的安裝位置。所以對於這種在會計帳目中不屬於重要資產的廉價設備，在沒有運作成本問題的範圍之內，是可以丟棄的。更何況之後陸續還會增加許許多多新的裝置設備，拋棄式的使用也不失為避免未來運作管理上趨於複雜的一種方法。

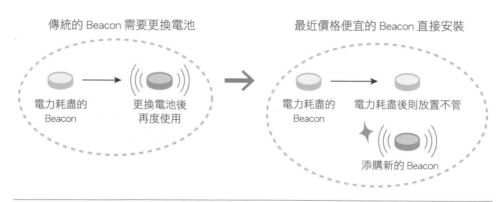

❑【圖表 6-12】最近由於廉價 Beacon 產品的出現，當電力耗盡時，可能就不再進行電池的更換，直接添購新的 Beacon

## 裝置設備生命週期的不同所帶來的煩雜問題

　　監控用的機器設備內所搭載的感測器的生命週期，跟機器設備本身比較起來，通常都比較短。在許多情況下，比起更換機器設備的時間，通常感測器會比較早需要更換。這也意味著，除了機器設備的維修保養週期之外，還有感測器設備也有維修保養週期。以前都說，想要知道機器設備何時需要重新維修保養，只要看搭載的感測器設備何時需要進行維修保養的說法，其實是完全不符合事實的說法。

　　例如，偵測振動的感測器，因為馬達一直處於振動狀態，所以，感測器應該是比馬達更需要提早更換。還有檢測溫濕度的感測器設備也一樣，因為安裝環境的不同，所產生的檢測精準度可能會下降。

　　儘管近年來感測器的精準度已經有所提升，但是感測器的耐久性，還沒有辦法和擁有 10 年以上生命週期的機器設備相比。這也是操作上的問題之一。目前這個問題一時之間可能也很難得到解決，但是運作的第一步，不是挑選性能好的監控用機器設備，而是必須選擇一個適合的感測器設備，並且還需將感測器的耐久性和保固期限也要納入考量的要件。

 ## 裝置設備必須進行有效的當機管理

　　當系統進行長時間的運行，有時會出現諸如數據蒐集不成功或是感測器應該運作時卻沒有運作的狀況。所以必須要建立一種可以顯示檢測機器故障的機制，但是要制定一個完整的機制卻是非常困難。

　　因為實際的 IoT 系統，很多時候沒有特別事情發生的時候，是不會有任何的反應動作。主要是因為要減少電池的消耗和朝向數據輕量化的想法。所以在這種情況下，到底是因為沒有什麼事發生，因此沒有任何的反應，或者是因為設備出現問題而造成無法反應。

　　因此，針對機器設備的管理，有必要執行設備的**當機管理**。當機管理是一種遠距的監控，可以定期偵測設備的狀態，定期檢查設備是否還處於活動狀態（正常運作）或是已經損壞（損壞或有故障）。這與網路管理中的「使用 Ping 指

令檢查連線」的想法相同。

關於當機管理，我們可以根據以下的步驟進行檢測。

① 檢查網路是否連接
② 檢查 IoT Gateway 是否正常運作
③ 檢查 IoT Gateway 下的裝置設備是否正常運作

如果是裝置設備的通訊出現問題時，也可以按照上述的方法步驟逐一檢查，以便找出問題的位置所在。這種異常排除的方法，對於任何操作過網路服務和伺服器的人應該都非常熟悉。但是，對於那些專注於設備開發的人員來說，可能就有些陌生了。

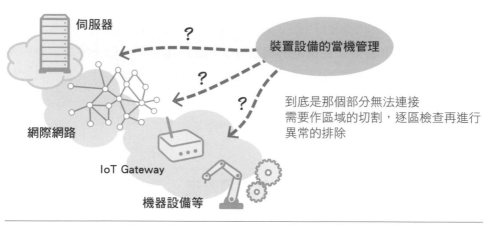

❏【圖表 6-13】裝置設備的當機管理

 **誰來維修？**

在大範圍的作業現場安裝感測器設備時，整合器會準確地調整安裝位置和方向。如此才可以進行穩定的通訊。然而，當感測器長時間處於運作時，就會出現各種的維修保養問題。

例如，如果現場操作人員的 IT 常識素養不足，異常狀況發生時，也無法處理，在設備安裝時，還因此特別要求系統整合業者也加入情況並不罕見。如果系統整合業者的所在地，距離作業現場很遠的話，此時勢必會產生高額的維修

保養和調整相關的差旅費用。

　　一般情況，裝置設備的當機管理，當然就是透過遠距監控來進行管理，但是在某些情況下，也有可能必須親臨現場才能處理。因此，一個最現實的問題就是，將實際的維修保養操作，盡量選擇交給作業現場附近的當地業者。如此一來才能以低成本且快速到達現場的方式進行維修保養工作。

　　關於維修保養作業，很重要的一點是，必須在系統設計的階段就應該加入作業模式的考量。在設計階段就決定了作業的 SOP 和功能的畫分，例如將設備的外觀調整和零件更換交給當地業者來執行等。在設計的階段就應該加入包含外包等方式的考量，用心制訂全面性的運作管理業務。

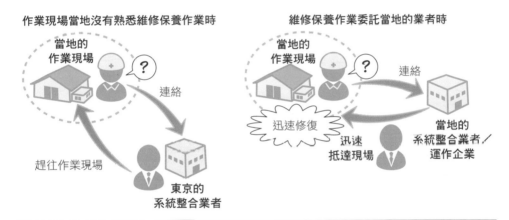

❏【圖表 6-14】建立當地的維修保養體制的必要性

# 安裝環境的考量操作

到目前為止，本章已經介紹了各種操作上可能產生的問題及相對應的解決方案。接下來筆者想介紹的是，有關 IoT 系統的安裝環境所應考量的要點。

 **應注意防滴和防塵的室外安裝環境**

如果計畫建置一個 IoT 系統，但安裝監控設備的位置卻是會經常受到雨水侵蝕的高濕環境或是木屑、飛砂、粉塵飛揚的環境時，這時諸如 IoT Gateway 等的中繼設備一定要有防滴／防塵的外殼保護。

❏【圖表 6-15】日商 SERAKU（日文：株式会社セラク）Midori Cloud 雲端平台的 Midori Box 2 服務所採用的防滴保護盒

例如，在農業領域的 IoT，感測器可以直接放置在稻田上，用來檢測農田的乾燥狀況、濕度、水溫等。在這種情況下，Gateway 和感測器的前處理模組

必須要防滴、防潮。另外，因為夜間溫度較低，白天溫度上升時，箱體也可能因此結霜結露，所以還必須採取防止結露的措施。在某些情況下，連接 Gateway 和感測器的平板電腦本身也必須防止滴漏。像這樣防滴、防塵的外殼，目前市場上也已經開始販售了。

毫無疑問的，與室內的安裝環境相比，安裝在戶外的的設備，往往劣化得更為嚴重，需要更頻繁地進行定期維護保養。因此，在系統設計時，將類似巡邏等方式的定期檢查納入規畫也很重要。

##  高溫高濕環境下的裝置設備所選用的規格

除了需要注意防滴和防塵的環境之外，安裝的環境也可能是高溫潮濕。例如，農業 IoT 經常會在農場密閉的塑膠棚架內，進行溫度和濕度的管理。因為密閉塑膠棚架的內部本來就是一個濕度較高的環境，自然就會採用防滴水的外盒。但是因為是塑膠密閉的空間，所以還必須選用耐高溫的感測器和 Gateway，否則很容易產生溫度過高失控之類的麻煩。

即使進入操作階段，也必須定期檢查實際的溫度和濕度，是否還在最初設定的指定範圍內。當環境條件突然產生變化時，還必要採取一些措施，例如使用禦寒隔熱材料進行緩解。與室外安裝的情況一樣，在這種高溫高濕的環境中，設備零件等的規格要求，也會變得特別嚴格。選擇合適的設備之前，也必須仔細評估周遭的環境條件。

即便對安裝規格如此要求，但追求完美並不一定總是最好的，說不定有時可能也不必要求得那麼嚴格。例如如果將使用在電動車上的重型車零組件和模組用來組裝裝置設備，可以想像產品的成本價格一定是超乎一般的水準，那就很難成為一項可以販售的商品了。或者，使用品質過高的零件，希望可以避免故障，結果反而可能比正常狀況更需要頻繁地更換零件。這些的例子同樣都是不切實際。

## 訊號不穩定環境下的系統操作

除了上述的安裝環境，干擾很多、訊號不穩定的場所，同樣也是一個令人困惱的安裝環境。在筆者參與的改善方案中，就有許多是因為訊號干擾的例子。例如在工廠內部使用的行動裝置，因為電磁波的關係而誤觸 Gateway 的連結，因而產生訊號中斷的情形也是常有的。

Wi-Fi（無線 LAN）由於便利性較高，所以常被廣泛的使用，但是事實上在容易產生輻射干擾的工廠內，卻是不能使用。在這種情況下，就可以改用有線的區域網路（Networks）。或者使用第二章的 2.4 曾經介紹過的類似 Dust Networks 系列產品的抗干擾、可以延長傳輸效果的網狀網路（Mesh Network）。

此外 Wi-Fi 如果在大量使用 Beacon 和第二章的 2.4 GHz 無線電波頻段的裝置設備環境中同時使用時，也很容易造成干擾。即使在筆者公司 Uhuru 號稱是一個 IoT 企業，為了便於員工的管理，辦公室的數百名員工每人身上都配戴了 Beacon，這些 Beacon 也經常與 Wi-Fi 產生了訊號衝突。所以經常要花許多時間進行故障的排除。後來是透過將 Wi-Fi 變換到 5GHz 的頻段，就解決了這樣的困惱，所以想要同時使用 Wi-Fi 和多數的 Beacon 時，這點還請務必注意。

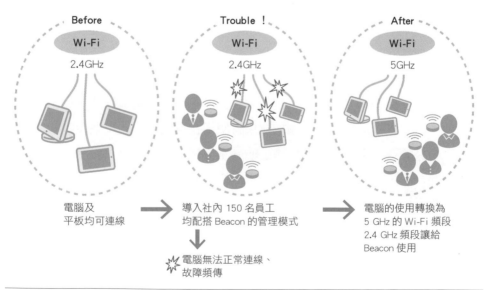

❏【圖表 6-16】Wi-Fi 與 Beacon 訊號互相干擾的應對

進入 IoT 操作時，即使剛開始沒有問題發生，也絕不能就此安心。這是因為隨著裝置設備數量的增加，也可能發生諸如干擾等的問題。因此，即使已經進入操作階段，也必須全面監控各種的環境因素、其他 Beacon 設備的通訊規格、無線電波狀況等等。設計系統架構時，也必須考量網路的連接方式和 IoT Gateway 的安裝位置，預留今後可能的隨時變更。

## 電力取得困難的環境操作

IoT 的系統操作不僅在室內，即使是寬闊的戶外環境也是可以操作，但是問題在於 Gateway 和感測器設備電力較難取得。

在這種情況下，近年來，比較被廣泛採用的是，太陽能發電設備的供電方式。目前市面上也已經出現了使用太陽能驅動需要一定電力的電腦載板 Raspberry Pi 的套裝模組。

❏【圖表 6-17】日商 MechaTracks（日文：メカトラックス株式会社）的 Raspberry Pi 產品系列中的太陽能發電驅動模組（Pi-field）示意圖

另外，還有德國的 EnOcean GmbH 開發了一款名為 EnOcean 的無線電通訊模組。這款模組主要是藉由光、溫度和振動等的物理性運動以蒐集微弱的電能，並將這個電能轉換電力供電。這項技術所產生的電力，已經足夠供給幾乎不需要電力的感測器設備或開關使用。但是，無線電波只能用在相對較短的距離內傳輸。除此之外，還需要一台專用的接收器。在操作的階段，如果是難以取得電力的環境，這款規格的設備也不失為一種替代手段。

【圖表 6-18】採用 EnOcean 規格標準的日本 OPTEX 無線翹板開關

## 推薦採用 Raspberry Pi 等的簡易型解決方案

有關 IoT 系統的建置，在正式進入大規模操作或執行商業活動之前，通常都會先透過 PoC 進行各種技術的驗證。在 PoC 的階段，需要簡單即能進行驗證方法，這時通常會選用搭載 Linux 作業系統的小型伺服器，Linux 作業系統上則可以導入搭載類似 Raspberry Pi 這種成本效益較高的電腦載板來建置 IoT 的系統環境。

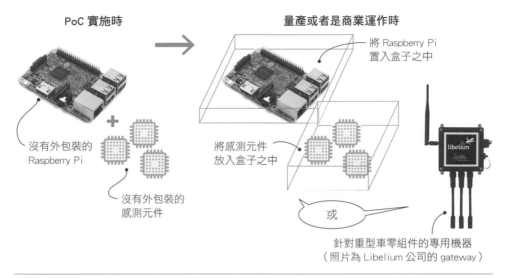

PoC 實施時　　　　　　　量產或者是商業運作時

將 Raspberry Pi
置入盒子之中

沒有外包裝的
Raspberry Pi

沒有外包裝的
感測元件

將感測元件
放入盒子之中

或

針對重型車零組件的專用機器
（照片為 Libelium 公司的 gateway）

❏【圖表 6-19】正式系統的正式運作時，增加搭載 Raspberry Pi 的電腦載板

　　儘管 Raspberry Pi 的價格相對比較便宜，但仍然具有很高的性能。而且，還可以結合 Interface、第三方工具包、開發板、支援感測器設備等非常豐富，光是這樣就足夠成為一台非常好用的小型伺服器。對於僅限於室內的小規模操作，以 Raspberry Pi 為基礎的系統就已經可以正式運作了。

　　但是，如果想要擴大系統的規模，或者轉移到像室外這樣環境變化比較劇烈的場所，那麼 Raspberry Pi 安裝設計就無法按原樣處理。這時可能就需要防滴設計、或是對於高溫高濕環境的一些必要保護措施等等，安裝階段的準備工作可能會變得比較費時和複雜。相對的就大大削弱了 Raspberry Pi 的成本優勢。

　　Raspberry Pi 可以連結如感測器設備等的許多項目豐富的各種周邊設備。還可以選配防滴盒子、太陽能發電的配套零組件。因此沒有因為建置的環境不同而不適用的問題。但是對於相關的建置成本、將來的所需維修保養費用和採用的專用 Gateway 等還是必須詳加檢討。

**IoT 系統運作相關事項總結**

　　如上所述，IoT 系統可以架設在各種的作業現場和各種場所，安裝多種的裝置設備。而且安裝的地點許多都是高溫、高濕、粉塵紛飛、電磁波干擾等的惡劣環境。隨著裝置設備、應用程式和管理要點的數量逐漸擴增，在成本費用上卻無法過度增加。因此，就必須利用應用程式平台的建置和體系結構的共通化，調整整體的系統環境，讓操作更具效率。

　　系統運作時，還有一些可能面臨的問題，其中包括電池的管理、已安裝的裝置設備相關的維修保養、電力的確保、通訊環境的干擾等等。這些問題在運作的階段，一定要按部就班地解決問題、積累經驗竅門、逐步優化感測器的數量和數據採集的頻率。所謂 Trials and Errors 這樣不斷反復地試驗、失敗和解決問題，也是 IoT 系統運作的必要過程。

　　除此之外，我們已經開始將一些運作上的專業知識、技術進行整合，並且放入了雲端的知識庫，同時與合作夥伴共享，逐步朝向實現系統的自動化。即使當初建置 IoT 系統時，可能僅僅是為了建置 IoT 系統，但是一旦開始啟用，慢慢就會考慮擴展，這時逐步運作的系統，就有必要逐漸採用自動化以節省人工成本。當然還要慢慢統合相關的領域形成統一的操作，比較大規模的系統，則可以藉由 RPA（Robotic Process Automation，機器人流程自動化）將從前必須由人執行的輸入和處理的工作事項逐漸轉向自動化。

# 第 7 章

# IoT 需要全面的
# 資訊安全

# 急速增加的 IoT 裝置設備的資安事件

 IoT 資安應對上的難點

我們都知道有關網際網路所碰到的各種資安相關的事件，每天都不斷地上演。現實的情況也是，針對智慧型手機、PC 的病毒攻擊，以及未經授權的伺服器連結等、還有連接到網際網路的各種設備，始終都是處於危險的狀態。

這樣的攻擊狀況，對於連接到網際網路的各種 IoT 系統的裝置設備也是如此。而且 IoT 系統所連結的裝置設備數量又更多，很難做到細緻化的管理，如何保護系統設備的資訊安全，儼然已是 IoT 的棘手難題。

以下首先，我們先介紹一些最近成為熱門話題的資安事件。

 Mirai 殭屍網路（Botnet）的 DDoS 攻擊

2016 年曾經發生了由惡意程式 Mirai 所發動的 DDoS 攻擊（Distributed Denial-of-Service Attack，分散式阻斷服務攻擊）事件。 DDoS 攻擊主要是藉由在第三方的裝置設備上建立攻擊程式，然後不斷地向目標設備（例如，伺服器等）發送大量的數據包（也就是連結的請求）。結果就造成該目標設備的伺服器沉重的負擔，並陷入功能癱瘓。

也正是因為如此，導致網路上的許多裝置設備也遭受感染，具有猛烈攻擊威力的 Mirai，幾乎是以每秒 3.5 至 5 萬次的攻擊速度，不斷地攻擊具有網路連接功能的路由器和超過 25,000 台的監控攝影機。總之就是一種利用 IoT 裝置設備的網路連接功能，所展開的惡意攻擊事件。

這裡我們簡要說明 Mirai 的操作原理。首先，就是嘗試連接一些隨機的 IP 網址，搜尋可以感染的裝置設備，並引導下載惡意程式。但是想要在終端設備下載惡意程式的話，此時必須要先登入。登入的手段即是透過所謂的字典攻擊

法，嘗試進行登入。透過常見的 ID 和密碼組合，來測試帳戶的資訊。讀者們可能也是這樣，在設備建置的初始，會將設備使用的 ID 和密碼經常都設為 admin。另外，還有些設備可能就設為 root 或是 guest，密碼就設為 pass 或是 12345。字典攻擊法的目標，就是這些易於破解的 ID 和密碼組合。

遭受感染的裝置設備，會在網路上尋找下一個設備繼續進行感染。受到感染的新裝置設備也是如此，繼續感染下一個。一樣的程序不斷地重複循環，結果就造成超過 25,000 台監控攝影機的感染，成了 Mirai 的被害者。

Mirai 主要是針對監視器設備在管理上的不足，所形成的安全漏洞進行攻擊。絕對是一起資安事件，也說明了資安的管理，不僅只是監視系統，還包括直接連接網路的各種裝置設備也都非常的重要。

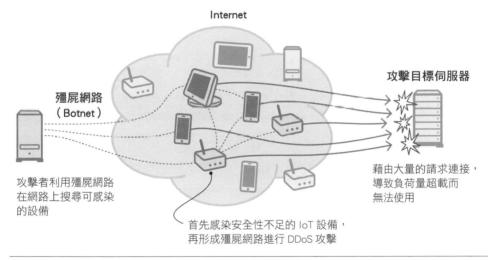

Internet

攻擊目標伺服器

殭屍網路
（Botnet）

攻擊者利用殭屍網路在網路上搜尋可感染的設備

藉由大量的請求連接，導致負荷量超載而無法使用

首先感染安全性不足的 IoT 設備，再形成殭屍網路進行 DDoS 攻擊

❏【圖表 7-1】Mirai 針對 IoT 裝置設備的惡意攻擊

## 醫院系統遭受勒索程式入侵的贖金勒索案件

與 Mirai 事件相同的還有 2016 年美國「Hollywood Presbyterian Medical Center（HPMC，洛杉磯好萊塢長老會醫學中心）」醫院，遭受病毒感染的資安威脅事件。該事件首先是醫院的電腦遭到病毒的感染，造成電子病歷等系統的運作停止，嚴重影響了醫院的看診作業。此事件最後是付出了巨額的贖金，才使得系統恢復正常。

雖然事後醫院表示，這個事件並沒有造成醫療上的實質影響。但是，這個事件，讓我們知道，諸如醫院診療記錄之類極為敏感的個人資訊，也有隨時洩露的風險。對醫院的攻擊還意味著，連結網路的 IoT 醫療設備也可能遭受脅持。不得不說，這是一件危及生命至為嚴重的事件。

## 自駕車遭竊的風險

面對資安的侵害，我們還可以從另一個角度進行審視。如 3.3 所述，自駕車已是未來最大的發展領域。雖然目前自駕車正處於發展的階段，但是汽車連接網路的狀況已經是全面落實了。如何將車子的位置所在訊息、各式各樣的數據傳送到伺服器等等，網路連線已經是不可或缺的重要傳輸工具。

如果汽車遭受到網路的攻擊，雖然可以簡單視為是一塊名為汽車的鐵塊被挾持，但卻可能危及生命的安全。此外目前自駕車所搭載的車載網路標準 CAN（Controller Area Network，控制器區域網路），已經是 30 多年前就有的網路標準，並不是專為 IoT 車聯網所設計的專用標準。對於這種來自外部的駭客攻擊，應該是完全沒有招架之力。

雖然到目前為止，都尚未傳出包括自駕車的車輛遭受病毒感染或駭客入侵等的事件。但是，自駕車的系統架構因為加入了完全仰賴網路連線的 IoT 特性，駕駛的功能，可以完全透過 IoT 的自動控制系統，所以很難排除自動駕駛系統會被劫持的可能性。雖然說只要連上了網路，就很難會有絕對完整的安全措施，但是持續的謹慎以對還是非常的必要。

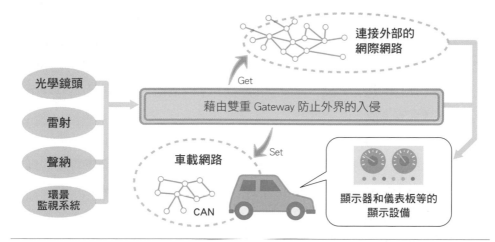

❏【圖表 7-2】汽車資安相關應對的示意圖
出處：野辺継男／英特爾政策事業開發總監兼古屋大學客座副教授
《汽車的 IoT（Vehicle IoT）‧車聯網、人工智慧、自動駕駛的關係與資訊安全》（暫譯，原書名『自動車の IoT（Vehicle IoT）』コネクテッドカー、人工知能、自動運転の関係とセキュリティ』）
內容修正網頁：（https：//Digitalforensic.jp/wp-content/uploads/2017/02/community-13-2016-07nobe-1.pdf）

 **封閉式的環境也會成為攻擊目標**

　　隨著 IoT 系統的應用愈來愈廣泛，邊緣運算也不斷地增加。邊緣運算的運作方式並不是將每個裝置設備都連上網路，而是可以連結 IoT Gateway 進行通訊。但是，沒有連接網路並不意味著沒有資安的問題，因為資安事件也可能發生在邊緣（本地）端。

　　這裡有一個極端的例子，2009 年至 2010 年間，伊朗的核燃料設備發生了一起事故。被稱為 Stuxnet 的病毒，當時入侵個人電腦破壞了鈾濃縮離心機，是一起造成實體設備破壞的事件。

　　Stuxnet 病毒是透過工程師和維修業者所使用的 USB 隨身碟，感染了完全沒有設防的 Windows PC，再藉由 PC 感染了 SCADA（Supervisory Control And Data Acquisition，系統監控和資料擷取）系統。 SCADA 在 IoT 系統的應用上，是經常會被用於系統的監控和程序控制的一種系統。病毒感染了 SCADA 之後，就控制了頻率變換器的 PLC（Programmable Logic Controller，可編程邏輯控

制器）進行篡改，導致離心機異常旋轉並在過載的狀態下遭到破壞。

　　事後經過檢討發現，造成這種情況的主要原因，直指放任 OS 的毫不設防和未充分檢查的 USB 設備等。有如這樣案例，在這個物物相連的時代，不僅是內部網路中運作的機器設備，即使沒有連接外部的網路，也可能因為管理上的疏忽而導致資安事故。

　　時至今日，病毒的攻擊雖然尚未對醫院系統或自駕車造成真正的危害，但是從這次 Stuxnet 事件我們可以了解，即使像核燃料設備這樣高危險性的設備，也可以讓設備的控制系統無法運作，所以資訊安全的防範，已經是迫在眉梢的問題。尤其是負責自動控制的 IoT 機器設備，很多時候都與生命安全息息相關，資訊安全絕對是愈來愈重要的課題。

# 全面資安

 **何謂 IoT 的資訊安全**

在上一章節，我們透過曾經發生的資安威脅事件的介紹，說明了資安的重要。在這個章節，我們將針對 IoT 的環境，說明到底有那些相關的資訊安全需要受到保護。

一般來說，所謂的資訊安全通常是指三件事：機密性（Confidentiality）、完整性（Integrity）和可用性（Availability）。而 IoT 的環境除了上述的三件事之外，還必須加上安全性和隱私性。

**資訊安全的基本要素**

| 機密性 | 完整性 | 可用性 |
|---|---|---|
| 確保只有可以連線的人能夠取得該資訊 | 確保除了適當被授權的人員之外，任何人不得任意篡改或刪除資訊 | 確保適當的人在必要的時候才可以取得資訊 |

 **IoT 額外需要的安全要素**

| 安全性 | 隱私性 |
|---|---|
| 採取適當的作為，確保所連結事與物的安全 | 資料的取得僅限於適當的人員和目的 |

❏【圖表 7-3】所謂 IoT 的資訊安全

從 7.1 介紹的 Stuxnet 破壞了核燃料設備的鈾濃縮離心機的案例，以及醫院系統的病毒感染事件可以知道，IoT 系統的自動控制和遠距監控等運作，絕對需要確實且謹慎的執行，而且必須確保操作的安全性。

而且取得各種數據的 IoT 系統與個人的訊息資料通常都是息息相關。例如，以下的幾個數據都是屬於個人資訊。

- 🔘 智慧型手機和汽車導航的 GPS 位置和移動訊息
- 🔘 監控攝影機所拍攝的影像
- 🔘 來自監控攝影機所獲取的麥克風聲音訊息

在日常生活中，我們不會主動提供我們個人的資訊。但是，有關我們個人的各種訊息，卻是在不斷地生成、不斷地累積。而這些需要受到保護的個人資訊，卻還需要取決於必要的解釋和釋義才能受到保護。

 ## 如何處理個人資訊

我們如果知道應該要保護例如 Web 的搜尋記錄等的網路連結數據的話，只要嚴密地監控好數據的發生點和數據流出點，基本上應該就可以保護這些訊息。但是，對於 IoT 系統，數據本身的含義就很難定義，這也使得數據的安全概念更加複雜化。

例如，用於管理居家能源系統的 HEMS（Home Energy Management System，居家能源管理系統），可以將居家環境中的電器設備和瓦斯的使用量變為可視化。從一般資訊安全的角度來看，這些系統的數據，都應該要進行加密和連線的監控等措施。有一個比較具體的例子，就是高齡者的看護系統，當一位被看護的高齡者「使用了客廳的電器」、「關掉了臥室的電燈」等行動，這個系統就會以無線傳輸的方式發出通知。從一般資訊安全的角度來看，這個系統同樣地也應該為傳輸的數據進行加密。

但是，換個不同的角度來看，正在生成的數據本身就具有意義。因為即使看不到數據的內容，從日常生活的模式來看，也知道什麼時候是就寢時間、起床時間和在客廳看電視的時間。如果有類似這種顧慮的系統，那麼除了事件本身可能產生的時間之外，應該還需要多加一種所謂虛擬數據生成的設計。

由以上的介紹，我們更應該知道關於 IoT 系統的數據，本來就應該由各種角度，確保每個人的個人資訊安全。

**易被鎖定的 IoT 裝置設備和各種的資安要點**

　　有關 IoT 系統的資安防護措施有一個特徵，就是系統未來可能的擴增，非常難以預測，再加上系統的管理範圍也隨時產生變化，所以很難一次就能設計一個比較完整的資安防護系統。此外因為 IoT 的裝置設備都是彼此相互連結，萬一感染了類似 Mirai 之類的病毒，很快就會形成迅速的擴散。病毒也就是希望透過裝這種置設備增設的特色，達到快速傳播的目的。

　　傳統的辦公室系統，資安的風險通常僅限於伺服器和伺服器端的特定設備以及所連接的通訊設備而已。換句話說，可以控制和管理的範圍非常明確。但是，IoT 的系統，除了伺服器和伺服器端的不特定機器設備之外，還必要考慮所有連接的通訊設備和伺服器端所有連接的裝置設備之間的通訊風險

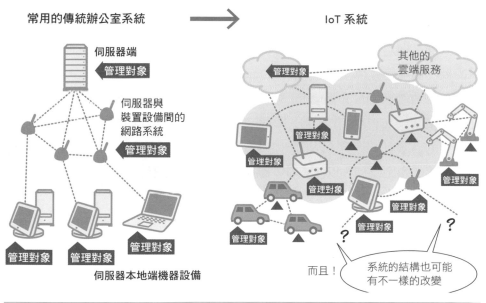

❑【圖表 7-4】傳統系統與 IoT 系統於資安上的差異
　IoT 系統的設備標準和管理要點各自相異。室外和偏遠地區也會架設有大量的設備。

　　從上圖可以看出，IoT 的安全範圍涵蓋了雲端的所有應用程式、雲端與裝置設備之間的通訊、裝置設備之間的通訊、終端的機器設備等等種類繁多。因

為 IoT 就是一個物物相連的系統，如果系統中的某個設備被感染了，則所有相連結的伺服器、Gateway 和裝置設備也很有可能瞬間受到感染。造成瞬間感染的原因，一方面是所有的機器設備互相連結，一方面是很難立即得知感染的真實原因和造成影響的確定範圍。

##  透過遠端控制達到裝置設備的安全防護

IoT 系統的特性之一是，任何的地方都可以蒐集數據。建置愈多搭載感測器的裝置設備，就可能達到更廣泛的數據應用。但是架設設備時，除了需要驗證網路的可靠性、電源供應的可能方式以及設備的當機管理等操作之外，資安問題的防護也是絕對不可忽視的課題。

其實現實的情況，發現設備的軟體存在漏洞也是常有的事。但是，如果機器設備的數量非常龐大時，想要實地造訪每個架設的地點，進行每個設備的安全性修補，顯然是不大可能。這樣的方式不僅耗時也不切實際。此時我們可能就需要一個稱為 OTA（Over The Air update，空中下載更新）的功能技術。這個技術可以透過無線的遠端操作，進行裝置設備內部的程式更新，這裡的遠端操作已經是屬於 IoT 的標準配備。除此之外還需要針對設備的竊盜、替換和複製盜版等的風險有所防範。對於防盜措施，需要進行設備的狀態及網路登入的搜尋記錄等的遠距監控、以便查看運作是否正常。至於替換和複製盜版的防範，身分驗證的保護就顯得很重要。

綜觀上述的論點，我們應該知道 IoT 系統從數據蒐集取得的終端感測器到雲端，中間所含蓋的各個點位，都必須要有足夠的安全防範。所以以下的章節，我們將介紹 IoT 系統相關的具體安全措施。

# 7.3

# IoT 裝置設備的具體資安保護措施

## 確實執行使用者登入驗證

如果根據 IoT 資安的重要性和系統的特性，到底資訊安全應採取什麼樣的措施比較恰當？我們可以從連接邊緣端的感測器設備、路由器和 Gateway 等設備的防護措施開始著手。

即使是 IoT 系統，ID 和密碼的身分驗證設定也是非常簡易，並且與傳統的系統一樣使用也很頻繁。但是，如果所架設的設備作業現場的使用者素養不高、或是複雜系統配置卻是操作手法過於草率時，很可能會忽略一些基本的防護動作。最常見的就是，ID 和密碼一直保留原廠商的設定而沒有進行變更。

本章 7.1 中我們曾經介紹過的 Mirai 案例，連接網路的監視攝影機的 ID 和密碼（登入身分驗證資訊和帳戶資訊）的組合就是因為容易被破解或是保留了產品出廠時的設定而遭受駭客的威脅。所以基本中的基本常識就是每個裝置設備的**登入憑證設定一定要謹慎**。

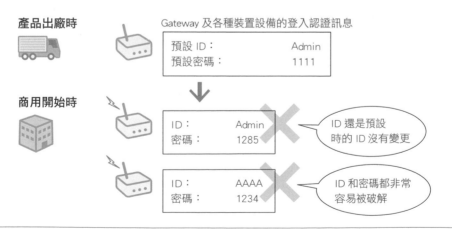

❏【圖表 7-5】保持預設的登入設定非常危險

**重要的系統邊界間的通訊協定**

各種裝置設備藉由網路的連結，形成了所謂的 IoT 系統，而網路之所以得以產生通訊，就是以機器設備之間的系統邊界為設定的標的，形成了連結。

當裝置設備透過網路連接到伺服器時，就是利用各種的通訊協定，執行數據的傳輸和接收。例如網路的傳輸便是使用 **HTTP**（Hypertext Transfer Protocol，超文本傳輸協定）。而 IoT 則是沿用 M2M 時代以來就使用的 **MQTT**（Message Queueing Telemetry Transport，訊息佇列遙測傳輸）協定。

這些的通訊協定都比較建議使用加密的形式。例如 HTTP 的加密協定就是 **HTTPS**（Hyper Text Transfer Protocol Secure，超文本傳輸安全協定），而 MQTT 則是使用 **MQTTS**。兩者都是使用 TLS（SSL）[1] 加密的通訊協定。但是，在某些情況下，也可以說是 IoT 系統的特徵，就是終端設備之間，特別是使用有線連網時，通常不會設定加密。

BLE（Bluetooth Low Energy，藍牙低功耗）由於使用距離較短，則會使用於裝置設備與 IoT Gateway 之間的通訊。而藍牙的通訊方式，會採用機器設備之間的認證和加密進行傳輸。但是，如果是使用 BLE 的 Beacon 和簡易型的感測器，因為要盡量減輕設備連接的麻煩，所以經常會採用稱為 **Advertising Packet** 的未加密通訊方式。

對於現有的系統通訊協定，筆者認為重要的是，應該要檢查何處還未加密並且掌握面臨的危險性。對於往後要添加的裝置設備，不僅僅只是要求蒐集數據的功能，還必須從資安的角度進行採選。

---

1　TLS（Transport Layer Security，傳輸層安全性協定）/ SSL（Secure Sockets Layer，安全通訊協定）是針對數據的通訊進行加密的傳輸層協定。而 Web 伺服器和瀏覽器之間則是較常使用 HTTP 再加上 TLS 加密的 HTTPS。

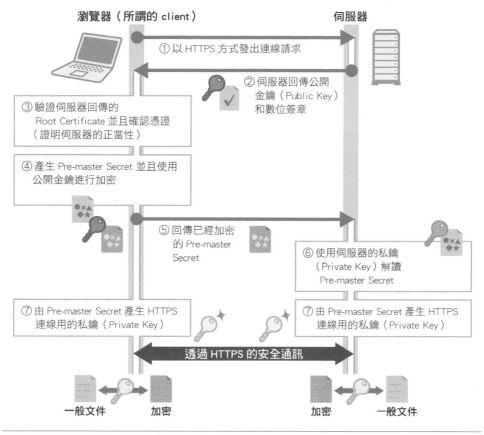

瀏覽器（所謂的 client）　　　　　　　　　　伺服器

① 以 HTTPS 方式發出連線請求

② 伺服器回傳公開
金鑰（Public Key）
和數位簽章

③ 驗證伺服器回傳的
Root Certificate 並且確認憑證
（證明伺服器的正當性）

④ 產生 Pre-master Secret 並且使用
公開金鑰進行加密

⑤ 回傳已經加密
的 Pre-master
Secret

⑥ 使用伺服器的私鑰
（Private Key）解讀
Pre-master Secret

⑦ 由 Pre-master Secret 產生 HTTPS
連線用的私鑰（Private Key）

⑦ 由 Pre-master Secret 產生 HTTPS
連線用的私鑰（Private Key）

透過 HTTPS 的安全通訊

一般文件　　加密　　　　　　加密　　　一般文件

❏【圖表 7-6】HTTPS 的通訊機制
　　所謂的「Pre-master Secret」，就是 HTTPS 通訊中所產生的共通金鑰來源所形成的一個隨機數。

 ## Closed Network Approach 和 Open Internet Approach

　　設備的本地端與伺服器或應用程式的雲端間的網路連結，有兩種處理方式：一種是 Closed Network Approach（封閉式的網狀網路途徑）和另一種則 Open Internet Approach（開放式的網際網路途徑）。

　　所謂封閉式網狀網路途徑是與裝置設備連接的網狀網路不會對外公開，也就是所謂的封閉式的連接思考模式，透過封閉式所形成的網狀連結，可以防止外部的入侵。

開放式的網際網路途徑則是使用一般的網路構築系統的思考模式。透過PC和智慧型手機常用的網際網路（Internet）所屬的通訊協定等的有效利用，主要是希望可以降低網路的相關成本。

　　如果要架構一個封閉式的網狀網路，一般可以使用專線或 L2 VPN（Virtual Private Network，虛擬專用網路）。但是，就成本和架設的地點位置而言，並非所有的系統都可以使用封閉式的網狀網路。但是如果要使用開放式的網際網路進行系統運作時，則必須採用數據加密法和網路 VPN。

---

專　欄

## VPN

　　所謂 VPN（Virtual Private Network，虛擬專用網路）是一種即使像 Internet 這樣的公共網路也可以變成像是內部專線網路一樣的使用功能。即使網路的連線是藉由公共的網際網路，也可以像公司的 LAN 一樣進行安全連線使用的網路。

　　VPN 的連線通道，大致可以分為兩種類型。一種是透過 Internet 配置的 Internet VPN。另一種則是透過 Internet 電信業者所提供的 IP 所形成的 IP-VPN

　　還可以根據 OSI 參考模式（Open Systems Interconnection Reference Model，開放式通訊系統互連參考模式），在特定的某一層進行專用網路機制的區隔。第 2 層也可以説是數據的連結層，這一層使用的 VPN 就稱為 L2 VPN。

　　第 3 層也是所謂的網路層，這一層使用的 VPN 就稱為 L3 VPN，這裡就是指 IP-VPN。

| 第 7 層：應用層 |
| 第 6 層：表現層 |
| 第 5 層：會議層 |
| 第 4 層：傳輸層 |
| 第 3 層：網路層 |
| 第 2 層：數據連結層 |
| 第 1 層：實體層 |

❑【圖表 7-7】OSI 參考模式

**IoT 加密的應用範例**

封閉式的網狀網路途徑的目的是保護通訊通道的安全，也是基於某種的理由，擔心所屬的數據被第三者得知，因此必須針對流經通道的數據採取保護措施。

其中比較代表性的保護措施就是對數據的加密。經過加密後的數據，即使攻擊者取得了數據，除非透過適當的解密手段否則也無法讀取。如此就能確保資訊的機密性，這也是資訊安全的三項要求之一。

現今加密技術的發展也是日新月異，以下的幾個範例也會經常使用加密。

- 數位簽章
- PKI（Public Key Infrastructure，公開金鑰基礎建設）的伺服器身分驗證
- 比特幣等受到矚目的加密貨幣。

這些加密技術常用於一般的網路和雲端服務，但也可以適用於 IoT 系統。例如，沒有搭配鍵盤等輸入設備的機器設備，因而無法執行使用 ID 和密碼的登入驗證時，這時，機器設備和伺服器之間可以交換一個加密鍵，這個加密鍵即可用於加密數據和進行數位簽章。如此一來便可以防止數據的盜竊、身分的盜取和篡改。上述的 TLS／SSL 通訊也是採取這樣的保護措施。

這樣的機制其實和一般的通訊系統所使用的方法，基本上都是相同的，所以了解了這些的保護機制也應該會對一些系統有相對的認識。

 **針對裝置設備的資訊安全措施**

IoT 有一項物聯網特有的資安防護措施，就是會針對裝置設備本身進行保護。為了防止有些裝置設備遭受解體、非法開啟破壞資安的狀況，所以 IoT 的機器設備會有一個裝置，就是可以偵測機器設備的外殼是否遭到人為的破壞，進而自動消除所有數據的迴路。

還有，控制裝置設備基本操作的是所謂 Firmware 的內置程式軟體，也有一個機制是不允許這個 Firmware 未經許可，重新更新 Update。例如，裝置設備

所搭載的 CPU 一定要支援 Secure Boot 安全啟動模式的機制。安全啟動只有在驗證了安全區域的數位簽章和安全元件在安全區域所配置的內容之後,確定是屬於已經認證過了 Firmware 才能進行開啟。所以如果是重置的惡意 Firmware 是沒有辦法正常啟動的。

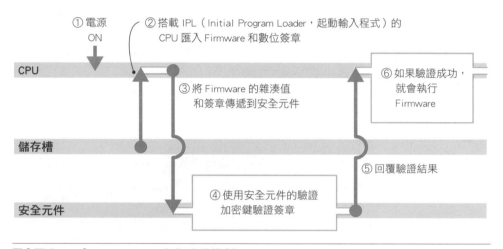

❏【圖表 7-8】Secure Boot 安全啟動機制
步驟③中的「雜湊值(hash values)」是將複雜的值簡單化的一個簡單值。和原來的數據值相比,雜湊值的處理速度更快,因此經常被使用於數據是否遭受篡改的驗證。

到目前為止,我們已經介紹了各種安全技術和解決方案。網路安全技術不會僅限用於現有的系統。在許多情況下,也可以應用於 IoT 系統。已知的現有技術知識也是可以多多充分利用。

連結各種事與物的 IoT 系統的安全措施絕對是不可少的要求。不僅是個別的部分或是整體的措施都是非常的必要。必須以總體結構的角度,從細節到整體確保系統的資訊安全。

# 7.4

# IoT 資訊安全的解決方案

 **連接網路的裝置設備可利用搜尋引擎的資訊安全解決方案**

　　如上所述，IoT 系統所需的安全措施非常多樣。如今，IoT 系統的安全解決方案也出現了，以下我們就介紹一些目前市場上的範例。

　　我們都知道許多例如電視、空調和監視攝影機等的家電設備連接上網的情形，已是理所當然常有的事了。但是此時並非每個連上網路的 IoT 裝置設備，都會啟動設備登入的認證功能，嚴實地執行資訊安全的防護措施。因此，個人的資訊很可能就從監視攝影機的畫面被截圖而洩漏。或者，感染了病毒而成為攻擊其他設備的加害者。

　　就在這樣的情況下，市面上就出現了一款名為 SHODAN 的搜尋引擎，可以搜尋包括 IoT 在內和所連結的各種網路設備、路由器、伺服器設備是否存在資安漏洞。 SHODAN 會將所有連接網路的機器作業系統（OS）及設備的版本形成自己的資料庫，再利用這個資料庫，檢查所管理的所有裝置設備的是否有外部入侵的疑慮。反之，如果站在不同的角度來看，SHODAN 這樣的搜尋引擎也可能存在著被濫用的擔憂，例如可以使用 SHODAN 搜尋識別 OS 作業上的漏洞。

　　2015 年，市場上有發表了一款名為 censys，類似 SHODAN 新的搜索引擎。這款搜索引擎，每天可以掃描 IPv4 的 IP 位址[2] 蒐集主機和 Web 端的相關資訊。使用者可以藉由這些資訊的判讀，識別連接網路機器設備的弱點進而防止資安相關事件的發生。

---

2　連接到網路的每一台裝置設備都會被分配一個 IP 位址。IPv4（Internet Protocol version 4，網際網路通訊協定第 4 版）約莫有 43 億個 32 位元的 IP 位址。 但是隨著物聯網的發展，設備數量的急劇增加，地址也將被用盡，因此現在已經開始朝向 128 位元 IPv6（IP version 6）移轉。

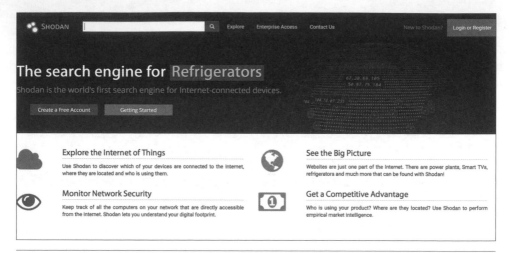

❑【圖表 7-9】用於連接 IoT 裝置設備的搜索引擎「 SHODAN」
（http://www.shodan.io）

❑【圖表 7-10】針對 IPv4 網址主機的搜索引擎「 censys」（https://censys.io/）

　　無論是 SHODAN 或 censys，都是可以透過一定格式的關鍵字，進行主機
和裝置設備的搜尋。以下圖表就是 censys 的搜尋示意範例。

□【圖表 7-11】censys 進行裝置設備搜尋時，所使用的關鍵字範例

| 裝置設備 | 檢索文字列 |
|---|---|
| 印表機 | metadata.device_type:printer |
| NAS | metadata.device_type: NAS<br>metadata.product: NAS |
| 路由器 | metadata.device_type: router |
| 監視攝影機 | metadata.device_type: camera |

只要輸入其中一個關鍵字列，搜尋引擎便會啟動尋找該項連結的裝置設備，而且還會顯示一份搜尋後的總體報告。

 ## 網路安全的應對策略

我們一再強調不僅是 IoT 的資安很重要，通訊網路的安全也很重要，但是想建置一個完整且安全的通訊環境並不容易。因此，最近市場上也出現了如何確保通訊環境安全的相關解決方案。

日本的 SORACOM 就提供了行動通訊系統和 LPWA（Low Power Wide Area，低功耗廣域網）通訊的資安服務。針對 IoT 系統也提供了 IoT 服務專用的安全措施功能。

例如，SORACOM Air 的 IMEI（International Mobile Equipment Identity，國際行動裝置辨識碼）鎖碼功能，就是將每張 SIM 卡獨一無二的 IMSI（International Mobile Subscriber Identity，國際移動使用者辨識碼）序號和行動裝置的 IMEI 序號組合進行設備身分的驗證。可以防止包括更換 SIM 卡被替換的裝置設備詐騙。這種身分驗證的方法，也經常使用於各種常見的解決方案。

此外還有所謂的 SORACOM Beam 和 SORACOM Funnel 等的服務，透過封閉式的網狀網路，將電信營運商的安全網路和 SORACOM 的核心網路，安全地串接起來。如果數據需要傳輸到外部雲端服務時，也可以透過加密和增加身分驗證的方式來確保網域整體的安全。

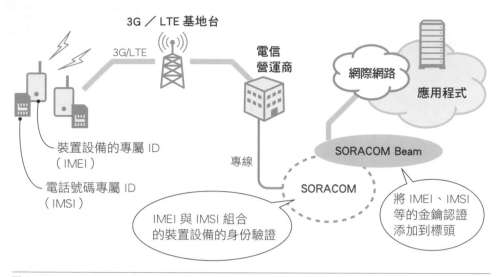

❏【圖表 7-12】SORACOM Air 的 IMEI 鎖碼功能

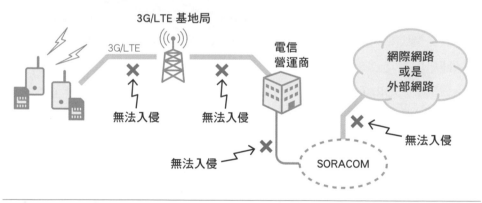

❏【圖表 7-13】具有安全措施的 SORACOM 通訊方式

##  裝置設備與網路結合的安全措施

　　日本的 Sakura Internet、美國的 Electric Imp 和 Afero 這些網路服務業者都有一套各自的解決方案。每家業者都有準備一個安全的通訊模組，藉由這樣的模組，形成與自家伺服器的連接的方式，形成網路環境的整體保護。例如 Sakura.io 的解決方案，就是透過直接連接到 Sakura Internet 數據中心的通訊模

組「Sakura 的通訊模組」與通訊費用形成一個套裝商品，可以保護裝置設備與雲端之間的通訊安全。再透過通訊模組與設備端的連結，便可以使用簡單的指令，執行設備與通訊模組之間以及設備與數據中心之間的通訊。

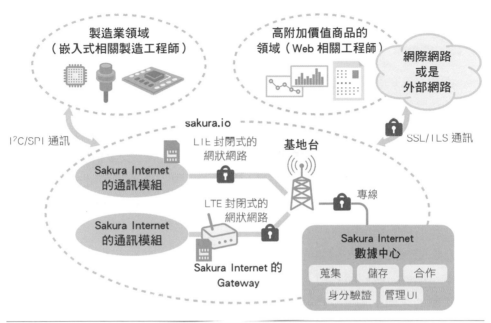

□【圖表 7-14】搭載 sakura.io 通訊模組的解決方案

## 裝置設備的安全功能和連接裝置設備的管理服務

關於 IoT 設備的安全功能，英國的安謀（ARM）提供了一項結合自家的微處理器架構和使用安謀自己的作業系統（OS）的機制。這個組合在系統的作業系統端就可以執行系統的開機、初期化、通訊和加密等功能，可以減輕設備製造商的軟體開發負擔。

在第二章的 2.5 我們就曾介紹過安謀的 mbed 作業系統還有與該作業系統一起使用的 mbed 雲端。使用 mbed OS 和安謀架構處理器的 TrustZone 就可以完全地執行系統設備的管理和更新設備的服務。現在美國的 Zebra Technologies、台灣的研華，筆者公司的 Uhuru 等許多公司也都已經加入安謀的該項解決方案的合作夥伴。

# 7.5

## 今後 IoT 的資訊安全

 **建構完整的安全運作系統**

面對系統的資訊安全，包括 IoT 在內的所有系統，都還不能說已經做了最完善的防護措施，還必要經常不斷的更新資訊加強必要的防護。

尤其是 IoT 設備，功能愈是簡單的設備，生命週期就往往能長達 5 ～ 10 年。這也意味著，開發階段的設備即使採用了當時最新的安全措施，也很可能已經過時了。也因為駭客攻擊的方法日趨複雜、新的弱點也可能隨著時間浮現，要保證擁有長達 10 年生命週期的機器設備的資訊安全，就是盡可能不斷更新或採取新的安全措施。

基於這樣的事實，重要的還是如何架構一個安全的系統運作機制。如第 6 章和本章所述，我們所知道 IoT 系統，就是一個可以包含終端的設備到雲端之間非常廣的範圍，非常不容易管理。一旦 IoT 系統人員的知識素養較低、或是負責建置和運作 IoT 系統的人員不同時，就很容易就會發生運作上的問題。

像這樣必須水平整合多種技術領域的 IoT 系統，日本的 IPA（Information-technology Promotion Agency，資訊技術促進協會）協會就發表了關於物物相連互聯網世界的開發要點。該協會也指出，所發表的內容可以作為 IoT 產品的開發商和負責人員參考並可作為開發方向的指南。

具體的內容有針對每個指標，說明採用的背景和目的、具體的風險以及相關案例的解說。下一頁的指標一覽表，就是可供 IoT 的產品開發和使用者採購時可方便檢驗的檢查清單。

這份清單同時也可以提供管理者對 IoT 產品相關的假定風險和防護措施有所認識，可以說是一份有效的管理指南。

❑【圖表 7-15】IPA「互聯網世界的開發指南」

| 大項目 | | 方針 |
|---|---|---|
| 方針 | 企業確保互聯世界安全安心環境的主要作業 | 方針 1：制訂安全安心的基本方針 |
| | | 方針 2：重新審視安全安心相關的體制和人才 |
| | | 方針 3：需為內部可能的舞弊和錯誤作準備 |
| 分析 | 充分意識互聯網世界的風險 | 方針 4：確定絕對要保護的內容 |
| | | 方針 5：針對相互連結的事與物作事先的風險推演 |
| | | 方針 6：網路可能遭受波及的風險假設 |
| | | 方針 7：實體設備可能的風險認識 |
| 設計 | 制訂必須保護的事物的相關防護設計 | 方針 8：不僅必須針對每個設備、甚至是整體架構都需涵蓋的防護設計 |
| | | 方針 9：不要造成互聯的對方困擾的設計 |
| | | 方針 10：為了達到安全安心的設計，要注意設計的整體性 |
| | | 方針 11：制訂即使連接了不特定的第三方，也要確保安全安心的設計 |
| | | 方針 12：針對執行安全安心的設計，進行的檢驗和評價 |
| 維修 | 制訂商品上市後也能持續保持安全防護的設計 | 方針 13：可以掌握和記錄自己狀態的功能設計 |
| | | 方針 14：提供即使隨著時間的推移也可以確保安全安心的功能設計 |
| 運作 | 需要所有關係人等一起守護 | 方針 15：即使在出貨之後也要掌握 IoT 的風險並且傳送相關資訊 |
| | | 方針 16：必須告訴相關業者即使在產品出貨之後，也必須確實做到資訊安全的防護工作 |
| | | 方針 17：必須讓一般使用者用戶也意識到網路連接的風險 |

來源：IPA 官網的「互聯網世界的開發指南」(http://www.ipa.go.jp/sec/reports/20160324. html

　　此外，日本的產／官／學三方參加合作所成立的 IoT 促進聯盟，為了促進 IoT 的推展，也於 2016 年發表了 61 頁有關 IoT 的安全指南。

　　下頁的一覽表，是由各個角度所歸納的一份綜合指南。另一方面，以下的各點則是總結今後所應準備和討論的問題要點。

● 必須假設各種的使用情境，針對各個領域作好事先的準備

● 必須建立各種 IoT 的服務型態和領域相關的法律責任

● 建立 IoT 時代的數據管理相關的具體辦法

● 綜合產官學全體，針對 IoT 資安相關防護措施的看法

❏【圖表 7-16】IoT 促進聯盟發表的 IoT 安全準則

| 項目 | | 要點 |
|---|---|---|
| 方針 | 制訂針對 IoT 本質的基本方針 | • 管理層應該致力於 IoT 安全<br>• 需為內部可能的舞弊和錯誤作準備 |
| 分析 | 認識 IoT 的風險 | • 確定絕對要保護的內容<br>• 針對相互連結的事與物作事先的風險推演 |
| 設計 | 制訂必須保護的事物相關防護設計 | • 不要造成互聯的對方困擾的設計<br>• 制訂即使連接了不特定的第三方,也要確保安全安心的設計<br>• 針對安全安心的設計進行評價<br>• 進行檢驗 |
| 構築／連接 | 衡量網際網路相關的應對措施 | • 根據功能和應用,適當地進行網絡連接<br>• 注意初期的設定<br>• 導入認證功能 |
| 運作／維護 | 保持安全安心的狀態,執行資訊的傳播和共享 | • 即使在產品出貨或是發表之後也必須保持安全安心的狀態<br>• 即使在產品出貨或是發表之後也要掌握 IoT 的風險,並告知相關人員必須確實做到安全防護工作<br>• 了解 IoT 系統／服務相關業者的個別功能<br>• 掌握易受攻擊的設備並適時地加以關注 |
| 一般使用者的使用準則 | | • 切勿購買或使用沒有客戶服務或是技術支援的設備或服務<br>• 注意初期的設定<br>• 關閉不再使用的設備電源<br>• 離開設備時,務必要關閉數據螢幕 |

來源:日本經濟產業省官網的 IoT 安全指南
(http://www.meti.go.jp/press/2016/07/20160705002 / 20160705002-2.pdf)

　　如果可以充分了解這些指標和準則,應該會有助於建置一個系統資安防護的運作架構。

 ## 資訊安全與建置成本並重的應用

　　儘管 IoT 系統是一個可以從小小規模開始操作的系統,但是在使用廉價的 IoT 設備和網路進行建置時,系統的配置成本與系統的安全性之間,還是必須權衡兩者之間的平衡關係。因為配置安全措施的設備通常價格會比較昂貴。

遭受會自行繁殖複製的病毒攻擊和成本之間有什麼關係？從攻擊者的角度來看，攻擊的成本會隨著時間的流逝而降低。但，從資訊安全的角度來看，防禦的成本則會隨時間的過去而增加。而且是有一定數量的電腦資源、網路資源和應用程式都必須採取相對的防護措施。

　　但是，如果執行了過多的安全保護措施而導致 IoT 的使用沒有進展，那就變成本末倒置了。那麼到底資安的防護成本應該要到達多少的比例呢？其實，並沒有正確的答案，但是在執行防護措施的同時，也必須要達到應用的效果才是重點。

　　我們可以想像致命性的資安事故，可能造成的總體損失應該會是無比的巨大。因此，日本的內務省於 2017 年 9 月檢查了日本數億個所有與網路相連的 IoT 設備，對於防護措施不足的製造商和機器設備，發表了資訊安全應對狀況的鼓勵改善方針。可以想像這是一次花費非常龐大 100％的檢查，但實際上檢查的本身好像也沒有那麼麻煩。在此同時日本政府也發表了針對 IoT 裝置設備的安全認證制度，希望可以藉此強化資安制度的推展。政府的政策是針對達到一定安全標準的機器設備授予認證標誌，希望製造商都能採用符合認證的安全基準方針。也可作為今後防範事故於未然的一項安全策略。

# 第 8 章

# 全面的平台
# 服務系統

# 8.1

# IoT 商業模式中服務的必要性與現狀

 **智慧型手機商業模式時代的來臨**

　　眾所周知，所謂的製造業如果只是單純的製造、銷售這麼簡單的話，完全沒有辦法提高產品的價值。隨著時間的流逝，單純由硬體所形成的機器設備只會失去原來的價值。近年來我們可以發現許多的硬體設備，為了能夠更加方便使用，慢慢已經提升為數位化了。不斷地藉由軟體的更新，抑制了產品價值的流失。所以對於 IoT 系統而言，除了「硬體＋軟體」的結合之外，我們也非常希望可以透過互聯網，藉由不斷地提供各種的服務，以維持系統的價值，更大的期待則是，可以提升系統的附加價值。

　　在這樣的時代進步的潮流中，如何才能將這些裝置設備所可能形成的商機，導向成功之路，重點應該要放在是否可以將 IoT 所連結的裝置設備，再加上所謂的「服務」。也就是說，產品交付給使用者之後，還必須透過各種的服務，與終端使用者保持不間斷的聯繫。甚至可以根據使用者的實際使用情況，提出新的建議。例如，實際作法的可以有以下幾點。

● 使用者真正的需要什麼？

● 使用者都是如何使用產品？

● 產品是否損壞了或功能退化了？

● 產品是否已經需要替換了或需要加購其他的功能？

　　以目前的潮流來看，可以確定已經形成的商業模式就是智慧型手機了。智慧型手機不只是搭載各種應用程式的硬體，還是結合資訊、權利、服務於一機的設備。跟其他的單一功能產品相較起來，使用者會隨著使用的時間愈長，愈能感受到它的價值。

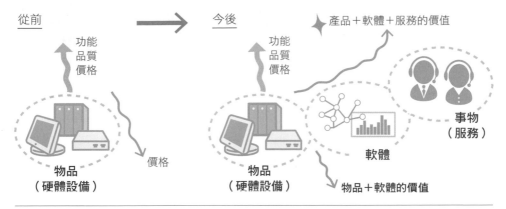

□【圖表 8-1】產品（硬體）＋軟體＋服務的價值提升模式

　　在這個章節，我們將透過實際的案例，針對 IoT 業務的服務架構，說明服務的必要性和重要性。

##  跨越產業界限的服務模式已經開始

　　猶如本書從各種角度的介紹，IoT 的時代已經將各種各樣的事與物緊緊相連了。筆者希望讀者們也能清楚意識，這個時代已經是一個超越產品與服務生命週期連接的時代。這樣的觀點也是驅使了筆者的公司，必須脫離傳統業務的範圍，不斷提升自我的價值，也期許能為客戶提供更有價值的服務。

　　雖然筆者的公司只要謹守，目前掌握的業務範圍，執行各項的商業模式，應該就足夠了。但是，以目前商業模式的發展來看，絕對需要針對產品和服務的生命週期進行更廣泛的掌握。因為從更廣泛的業務模式和各種商機的角度來看，不應該僅是侷限於原來的產品項目和各自的產業界限，應該可以更寬廣、應該以增加公司收益的角度進行考量。如此一來不僅是公司可以增加利潤，連同企業的合作夥伴也能受益。而能產出更多的利潤來源的應該包括，公司的硬體、軟體、服務、數據、資料、商業技巧和專業知識中，以前未曾處理過的項目。

　　在這個物物互聯的時代，絕對有可能捕捉許多從前無法提供的服務，進一步提升為更有價值且可以不斷持續提供客戶服務的商機。

例如，以製造業為例，典型的製造業，就是製造出客戶滿意的產品進行銷售，然後收取費用。接下來，還有可能增加公司利潤的就是維修保養的範圍了。換句話說，同一個產品可以賺取費用的時點，就僅僅只有這兩個了。

那麼新的製造業模式又是什麼呢？產品不僅可以搭載軟體、還可以提供服務的商品模式。在這種情況下，客戶從購買產品到產品的報廢丟棄的期間，產品製造商都可以不斷地提供各種的服務，收取費用。如果再加上智慧工廠的設計，那麼製造業可以增加盈餘的項目，可能還可以包含以下幾點。

● 實現智慧工廠之後，可以出售工廠閒置的產能
● 可以建構一個支援少量多樣模式的製造平台，並且收取平台使用費
● 可以出售每台作業機器設備的作業數據給維修保養的合作夥伴
● 可以收取搭載應用程式的軟體更新費用
● 可以根據機器和保證正常作業的服務等級，分段收取費用
● 可以較低廉的價格提供機器設備，再根據設備和軟體的使用情況和使用量收取費用
● 因應設備和軟體的使用情況和使用量而收費所架設的 IoT 即時監控系統，可以出售該系統所累積的數據，收取費用
● 可以對外開放數據的儲存平台，依據數據的使用量收取費用

或許製造業者可能會認為「這種系統整合的業務完全不是製造業可以做的」，而選擇產業的切割。但是，還是不得不說，這樣的商業模式，近來已經被視為深具重要的企業戰略。以目前的市場現況而言，也已經開始成為製造業的商業模式的規畫範疇，各界也抱以相當的期待。

但是，為了實現這樣的商業模式，首先必須將以下的循環，以數位化的方式串連：

設計→採購→製造→銷售→物流→服務→優化→實務技巧化→數據銷售→報廢→再利用

當然，只有一家的製造公司，的確無法實現這樣的生命週期，因此必須進行系統的整合與合作。在某些情況下，有可能會侵犯了合作企業和其他企業的

事業範圍，導致業務上的摩擦和現有通路的相互侵蝕現象[1]。但是，這個問題也會隨著 IoT 系統，取得數據之後所形成的共享平台，企業與相關夥伴皆能從中受益而消失。

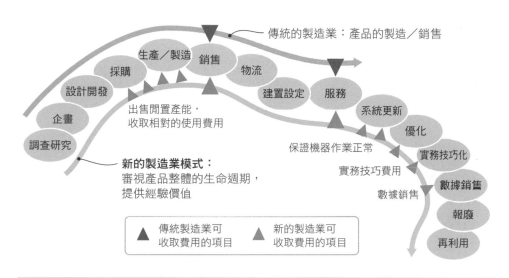

□【圖表８２】製造業收費項目的拓展

 ## 服務必須是高度整合的商業模式

　　本書一再強調，藉由 IoT 系統的建置，絕對是可以慢慢拓展現有的事業領域。對於製造業而言，過去的日本過度苛刻於「製造業的製造」，或許這樣的趨勢到現今仍然存在。但是，可知過去的 20 年，日本的製造業已經被韓國、台灣和中國超越了。如果還只是專注製造業的製造的話，很可能將被這波商品化的浪潮所吞沒[2]。

---

1　相互侵蝕（Cannibalization）是行銷學上的一個專有名詞，是指自家產品或品牌在產品線延伸或多品牌的策略下，對類似的現有自家內部的產品或品牌造成銷售上的壓力現象。

2　商品化（Commoditization）是指競爭產品之間，主要的功能、品質等差異化特徵的消失，消費者只會根據價格和數量等標準進行選購。從消費者的角度來看，「購買哪個製造商的產品都沒有差別」的一種現象。

再者以日本最擅長的「生產改革」來看，當一家企業在某種程度上已經非常穩健成長，但還是願意花費時間，不斷地在改革的路上尋求突破時，當然一定會產生正面的效果。但是，在這個以極大的速度，重複破壞和創新的「萬物數位化時代」，只能想辦法縮小這兩者間的差距。「生產改革」永遠都不可能讓製造業的成本歸零，因此如何才能迅速創造企業新的收益，不應只是拘泥於降低成本，應該要優先思考企業該如何創新、如何開源。

下圖所顯示的是奇異（GE）噴射引擎部門的業務內容。

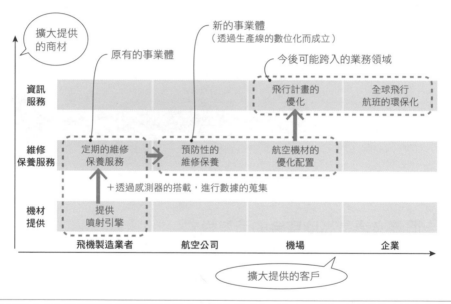

□【圖表 8-3】透過事業主體的業務整合，服務模式取而代之，成為了利潤收入的主要來源

經由訪問，我們也發現 GE 的噴射引擎部門，不再只是著重於引擎這項產品，因應維修保養而裝設的許許多多的感測器上所蒐集的數據，已經可以成為商品，提供以下的服務。

● 可以提供航空公司，為所購買飛機進行預防性的維修保養

● 可以提供機場，有關航空機材的優化配置和飛行計畫的優化服務

● 可以實現航空業界的環保運作，透過燃油消耗的極小化，為環保議題提供解決方案

透過從實體中所取得的數據，創造新的商機，例如延伸產品的項目和擴大可提供服務的客戶數量。透過擴展事業領域的方式，進而建構一個高度整合，不再是單一功能的製造業，一個前所未有且創新的商業模式，最終獲得新的收益來源。收益的增加當然可以更顯得 IoT 業務的重要。如果製造業還是將降低成本和生產改革視為唯一的目的，那麼對許多的日本企業而言，IoT 的系統架構需求，就不會像現在這麼強烈了。

 ## 因應 IoT 服務生態系統的擴大應有的思考方向

不知讀者是否可以了解筆者所謂，企業可以藉由數據的應用，創造企業各種專有服務的重要性。這裡的問題可能是，一家公司真的就可以創造所有的服務嗎，還有什麼是「所有的」？

一家公司在自己可以設定的範圍，運用公司的強項優勢，並且完全由自家公司提供完整的服務不是很好嗎。可惜，一家公司的想法和資源實在是太有限了。不可避免的是，在這個時候，我們會希望有合作夥伴和第三方公司可以一起來建構這樣新的服務，讓更多的利益相關業者可以參與公司的商業模式。也就是因為有更多人的參與，才可能形成一個更加鞏固的生態系統。

想要形成這樣的結構，首先必須將整個產業價值鏈，連接成為 IoT 系統，進而建置一個可以儲存所有蒐集而來的 IoT 數據的系統平台，再向外部其他公司採取平台的開放方式。稍後我們會再討論這個平台，此時，就可以透過這個平台不斷的使用擴大，吸引各界的人士進入平台，甚至可能是與平台建置初期完全不大相關的人士（例如半專業人士或是業餘愛好者），不管是作為副業或興趣都可以在平台上，提供個人設計的應用程式（App）或是提供服務系統的建構等，形成許多的可能機會。

如果一家企業所合作的公司，都只是在一個封閉的服務系統內往來的話，各種銷售的產品，應該也不會有太大的變化，企業的成長，說不定也一直是維持原地踏步的狀態。所以這裡所討論的服務推廣，應該必須包括現有的往來企業夥伴**以外的更多組合**。一般來說，如果能為沒有收入的人，提供賺錢的機會和地點來增加收入的話，那麼利潤的給付就很適合採取薄利的方式。以下的圖

表就是顯示，能為半專業人士提供許多發揮興趣所長的場所、對於業餘愛好者，也有地方可以提供自己的創作服務和項目，平台可以收取費用變成服務提供者的收入。同時，透過這樣的方式，加入平台的企業和個人數量，也可能形成爆發式的成長，透過這樣的佈局，以確保源源不斷的成長和各種服務型態的創新。

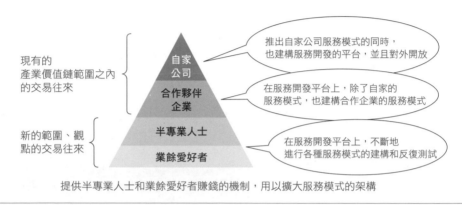

□【圖表 8-4】服務模式的生態系統推廣概念圖

　　除了上述所介紹可能促進成長的方法之外，還有多種可用於服務模式創新的觀點。 在下個章節，我們將由服務模式進入討論階段的角度，說明充實的共通平台對企業的重要性。

# 建構充實的共通平台的重要性

## 透過共通平台可以實現的服務模式

如第二章所介紹，IoT 系統是由多層的結構所組合而成，但是系統在建置之時，應該如第 6 章所介紹，先由一個小型的系統開始運作，再慢慢擴展到較大的系統。如果是以服務模式的擴展為前提，重要的是共享的部分，應該盡可能以共通平台的方式加以充實，而這點也是我們前面所介紹的內容。

從服務的角度來看，這個共通平台，應該要採用計費模式的基礎。為什麼這麼說，那是因為這個共通平台是由不同的營運業者，引入不同規格的平台、裝置設備、通訊網路等，所以費用所得的計算也變得非常複雜且不切實。

以下我們將介紹一個在共通平台上建構服務模式的具體案例。

## 智慧城市的共通平台

IoT 最大的投入應該就是智慧城市，目的是希望城市整體可以變得更加智慧化。在智慧城市的規畫中，會將平台的基礎架構到應用程式開發層上的所有內容，加以整理成為共通的組織架構，並且作為互聯城市的共通基礎。而且通常會依據「僅允許符合標準的供應商和技術」的模式為基礎，制訂開發的準則。

例如荷蘭的阿姆斯特丹、西班牙的巴塞隆納、法國的尼斯、德國的漢堡、瑞典的斯德哥爾摩和韓國的松島新都等城市的城市規畫，就是採取該城市與第三方共同保有並且共同營運共同的基礎架構。另外越南的胡志明市，有個「時代廣場」之類的綜合式旗艦型大樓，同樣也針對周遭的幾個大樓群，籌建共通平台的開發和營運。

目前市面上還將所有智慧城市所需的公開資源匯總，整合成為一款名為 CityOS 的平台。而所謂的公開資源，就是將許多城市目前為止所運用的共通基

礎架構軟體加以匯總的公開資源。

　　CityOS 不僅會舉辦分享與智慧城市相關的各種專有技術活動，並且提供公開資源的架構、資料庫和樣本。所蒐集的數據也是採用公開資訊的格式，盡可能地提供與城市建設的相關業者一個可以自由使用的機制。

　　透過一個這樣的共通平台，個別企業的相關業者，完全不必單獨建構自己的平台。以城市整體而言，共通平台的架構，也是對城市最有利的方式。對於使用公開的資料庫和平台所建構的服務和應用程式，也可以形成一種使用者付費的模式。

□【圖表 8-5】CityOS 的 Website（http://cityos.io/）

①
**活動的舉辦**

- 舉辦開放式的智慧城市會議
- 舉辦如何使用最新技術從零到成功的研討會
- 舉辦程式設計馬拉松（Hackathon），
  目的在開發針對特定城市的解決方案
- 凝聚當地城市的知識

②
**公開碼（Open Code）的提供**

- 公開資源的框架和資料庫
- 行動應用程式範本
- 圖形、地圖、Web 管理範本
- 可用於各種裝置設備的公開驅動程式

③
**公開數據的提供**

- 針對公開的開發公司提供各種公開 API
- 包括現有產業標準（De Facto Standard）
- 配備數據連接器和導入器
- 公開數據的交換

④
**各項支援的實施**

- 詳細的說明文件
- 官方教程和論壇
- 智慧城市的社區網路
- 最佳技術的社區列表

❏【圖表 8-6】CityOS 所提供的功能

 **運動競技場的共通平台化**

　　最近有些大型的購物商場和體育場館等的廣場，都可以看到場館內大多傾向安裝各種的感測器和監視攝影鏡頭，並且設置 Wi-Fi 熱點，以便持有智慧型手機的訪客方便連接。

　　這裡有一個案例是 2016 年位於美國聖塔克拉拉所舉辦的第 50 屆超級盃球賽，舉辦地點就位於聖塔克拉拉市內的**利惠球場**（Levi's Stadium），該球場被稱為世界最先進的互聯體育場。當年，球場總共安裝了 1,200 個高密度的 Wi-Fi 熱點，可以從球場的任何一個地方連接網路，還提供專用的行動應用程式。在比賽期間，還提供了一款名為 Super Bowl Stadium App 的應用程式，不僅可以一再重播觀看選手的比賽畫面，還可以利用這款 App 跟球場內的餐廳下訂單，真可說是「培養球迷成為鐵粉的最佳體驗」一款暖心服務的應用程式。除此之外，

8

全面的平台服務系統

259

場內還安裝了大約 1,200 個 BLE Beacon，對於觀眾動線的掌握也發揮了極大的功能。球場還設置了電子看板，場內的觀眾都可以在電子看板上玩一些簡單的遊戲。

根據報導，因為各種數位活動的奏效，這場比賽活動的 Wi-Fi 使用率，就高達所有來場觀眾的 40％。

**訂餐**

可以在觀眾席上直接下單，訂購食物和飲料。
所訂購的餐飲也會直接送達觀眾所在的席位。

**畫面重播**

容易操作的高解析度影片重播服務。
提供各種拍攝角度的照片影像。
可以慢動作播放。

**路線導航**

提供停車位置、自己的座位、朋友的座位、最近的賣場、廁所的使用現狀等路線指示服務。
廁所的擁擠程度分三個等級顯示：
紅色、綠色、黃色。

**票券**

提供觀賽門票的購買、交換和停車券的購買、停車位置的移動等服務。

❑【圖表 8-7】體育賽場專用的行動應用程式所提供的服務

球場上的這些通訊和應用程式的服務是由多個營運業者所提供。值得注意的是，這麼多個營運業者的服務，卻都是在一個球場內的共通平台上操作。

關鍵就在所有的技術都是建構在一個共通的平台基礎架構上，是一種**基礎架構共享**的思考模式。如果使用者在這個共享平台，再度選用曾經使用過的服務時，這個平台也會顯示使用者的使用履歷和使用記錄數據，因為這些記錄都會儲存在這個基礎架構平台。而且，所儲存累積的數據也可作為參與共通平台的成員，日後的大數據分析和應用。

以利惠球場的共通平台為例，不僅可以透過 Wi-Fi 掌握人潮的動線和使用 Beacon 疏導觀眾，同時還可以適時地發送一些主題內容和廣告，這些都是透過共通的基礎架構所執行的解決方案。

**工廠的共通平台**

　　工廠作業也開始進入了共同平台的開發。在各式各樣不同的機器設備所建構的生產線上，已經開始嘗試投入生產設備的稼動狀況監控。而監控的目的主要有以下幾點：

- 透過監控防範故障於未然
- 透過設備稼動的優化，盡可能的縮短交貨時間
- 透過生產效率的提升，可以實現大量客製化（Mass customization），或是特殊的少量多樣化生產

　　如此一來這些來自工廠機械設備的感測數據，不但可以累積、儲存、運用，還能整合改善這些新的應用程式的操作環境。在從前，為了監看機械設備的狀況，通常設備供應商會提議架設一套遠端的監控機制，但是如果採用這種方法，設備供應商所屬的外部設備數據，勢必要經過工廠內部的網路系統，在資訊安全的考量下，實在不大受到歡迎。因此，工廠就可將所有機械設備所蒐集的數據，集中匯總在　個平台。然後，提供每個設備供應商 API 的連結環境和開發環境，以便設備供應商可以透過 API 進行數據的應用。如今，類似這樣的模式也逐漸興起。在某些情況下，也開始朝向數據使用權買賣的商業務模式。

　　這裡，我們以 FANUC 的 **FIELD 系統平台**為例，說明工廠共通平台的運作實況。我們都知道工廠中的機械設備，都是各種規格標準混合使用，單純只是設備和設備之間的連接都可能產生困難。更何況在工廠作業現場的設備，常常在嘗試連接時，還會因為通訊協定的不同或是受到供應商防火牆的阻隔而無法連結，這些都是家常便飯。因此，FANUC 與思科系統公司（Cisco Systems）和洛克威爾自動化公司（Rockwell Automation）合作，共同開發了一種邊緣運算機制，用以確保工廠機械設備控制的即時性和安全性，實現 ZDT（Zero Down Time 零停機時間）作業。此外還與日本的 Preferred Networks（日文：株式会社 Preferred Networks）公司共同投入深度學習機制的開發，提供了一款運用 AI 的高度自主判斷機制。進而藉由這個平台的開放，創設一個根據作業現場的操作和需求可以快速產生各種應用程式的系統。2017 年的現在，大約已經有 200 多家的企業加入會員成為合作的夥伴。

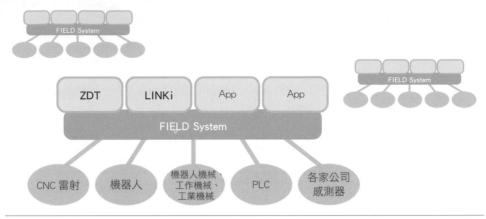

❏【圖表 8-8】FANUC 的 FIELD 系統概要

　　FANUC 所著重的重點，在於所謂的 Edge Heavy 的架構，因為 FANUC 強調的就是邊緣端的即時且大量的數據處理能力。主要的特點是，即使連接了各式各種的機械設備，也可以確保作業現場端的數據安全，還可以同時進行可視化。當然，如果需要處理大規模運算時，就可以送到雲端的資料中心進行處理。

　　這樣的模式，已經不是像過去那樣簡單的可視化，需要考量每個機械設備的即時控制和自動控制的主動性，因此操作起來非常困難，但是還是有許多公司都非常寄予厚望。無論是 FA 領域的設備供應商，還是 IT 企業或是系統整合業者也都加入了合作夥伴的行列，非常期待不久還會有各種應用程式的登場。

　　另一個例子是，德國的創浦（TRUMPF）集團基於 Apps for Industries 的想法，推出了針對製造業 IoT 平台服務的 AXOOM。 AXOOM 同時也將其他供應商所開發的應用程式納入自家的 App Store 上，提供月費制的 SaaS 應用程式。這些「Apps」在創浦公司的平台上運作，是一套可改善製造業各種作業現場需求的應用程式群。

　　重要的是，類似智慧型手機的商業模式，是否也可以在工業領域中實現。如果要實現這樣的模式的話，那就必須要建置一個開放式的應用程式開發環境，對外提供服務，讓合作夥伴都可以提供所設計的各個領域的應用程式。然後，可以組合為一個簡單的模組，在 AXOOM 的 App Store 上銷售，使用者在工廠的作業現場就可以自由選擇使用。AXOOM 為了實現這樣的方式，還提供了使用者根據使用量收費的計費服務。

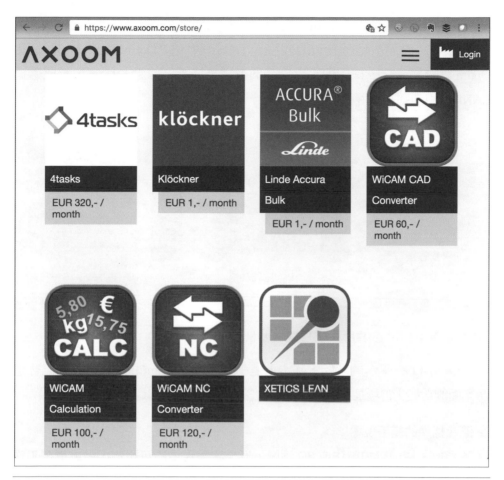

❏【圖表 8-9】針對德國製造業的服務平台 AXOOM 的 App Store（Https://www.axoom.com/store/）

　　因此，使用戶可以在加入使用之後，完全不必受軟體開發、導入時就已經設計完成的僵硬化產線的束縛，可以根據需要，隨時添加新的應用程式。

 **建築業的開放式共通平台**

　　土木工程的施工現場也是 IoT 正在開發的領域。特別是在日本，日本的小松製作所（日文：株式会社小松製作所）應該是建築業界中，最早開始投入最先進 IoT 業務的企業，小松製作所將針對自家往來客戶的封閉式平台命名

「KomConnect」，還發表升級命名為 **LANDLOG** 的開放式平台。

根據 2017 年 7 月所發布的內容，小松還與 NTT DoCoMo、SAP Japan 和 Optim 等企業合作，採用與平台同名的形式，成立一家合資企業，希望透過 LANDLOG 促進開放平台的發展。

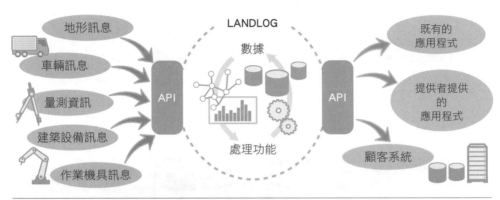

❏【圖表 8-10】小松製作所針對建築業所提供的開放平台 LANDLOG

LANDLOG 平台的功能，基本上是小松製作在 KomConnect 時代就已經建構完備的功能，再增加以下的部分，希望平台的功能更加完善。

● 簡化標準的施工現場
● 透過無人機的空拍製作成 3D 地圖，形成建築現場的可視化，做成模擬工作計畫的應用程式
● 砂石車作業的可視化系統

另一方面，因為 API 是對外開放的方式，所以其他的建設機具也可以導入他們的原始數據。而且還提供了一個第三方供應商，可以利用內部處理的數據來開發各種應用程式的環境。公司還宣布可以接受應用程式的註冊，並且使用 API 將各種處理過的施工現場的數據，直接連結到用戶的公司。

藉由對外開放公司的參與與業務合作夥伴之間所建構的平台，公司可以對外收取使用費用，在廣義上來說，也是實現生態系統的整體效率，應該也是想提供參與平台的合作夥伴增加資金運轉的一種機制吧。

啟動一個這樣龐大的平台，單靠一家企業的力量，不僅很難辦到，還必須

投入大量的資金。因此，首先在某個程度上可以先準備一些基礎的架構和功能並且累積數據。當數據的累積慢慢充實之後，平台本身對於外部的合作夥伴也會慢慢變得更具有吸引力，此時就可以將數據對外公開並且收取使用費。對於此類的平台，還必須提供設備連接功能和數據連結功能的 API 建構。

 ## 居家電器設備的連結平台

2017 年 7 月，由 NEC Personal Computers（以下簡稱 NEC 電腦）、歐姆龍、Sakura Internet、Oisix ra daichi、Curations 等多家公司共同合作推出 plusbenlly 平台，這是一款針對家電，可以用於連接 50 家以上的家電企業品牌的居家電器設備的 IoT 平台。plusbenlly 想追求的就是，不需要複雜的設定，就可以將居家內的各種家電設備視為一個觸發起動裝置，將這些設備連接到應用程式，並且提供共通的功能。

對 NEC 電腦而言，並不是期待 PC 的營業額能夠增加，而是 PC 也是這些設備的一部分，所以隨著所連接的裝置設備數量的增加，自然裝配的 PC 數量也會隨之增加。除了 NEC 電腦之外，裝置設備中的許多合作企業、平台的合作企業和應用程式開發的合作夥伴企業等也都加入這個平台，平台的未來趨勢也很值得期待。這個平台在設備端，也是需要安裝 API、還有數據和雲端的連結也都需要安裝 API，這些都是可以用於收取使用費的模式。

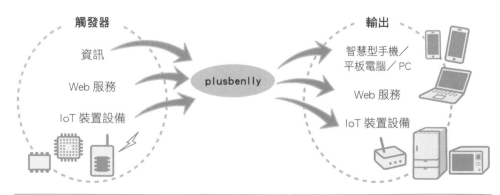

❑【圖表 8-11】plusbenlly 的整體概念圖

截至 2017 年 7 月的公告，已經註冊的新提供 IoT 服務的合作夥伴有 9 家、擴展 IoT 服務平台的合作夥伴有 12 家、建構 IoT 平台的合作夥伴有 25 家。以 plusbenlly 而言，不僅是這些企業本身，在向客戶提出建議時可使用的一台硬體設備，也是可以提供服務的一種機制。可以說是一款讓開發服務變得更容易的服務。合作夥伴企業只要支付 plusbenlly 的使用費用，就可以不受開發工時和約定條件的約束。plusbenlly 是一款可以被運用、開發和運作的平台。

　　除此之外，plusbenlly 還可用於住家社區之類的合作夥伴的系統。目前也與 Daiwa House 和 Sekisui House 等建築企業，開始進行智慧建築／能源管理等相關項目的合作。隨著 API 的不斷擴展，這個生態系統的未來實在非常令人期待。

# 應用程式交互運用的服務模式和收費方式

 **應用程式的交互運用所形成的服務模式**

上一個章節我們介紹了幾個不同的共通平台,而這些平台基本上都是提供了各式各樣不同應用程式的開放式平台。換句話說,在自家公司比較不擅長的領域,或是開發進度容易受阻的領域,對外開放給不同領域的開發業者也能共同參與的一種對外開放的方式。也因為有外部各種開發業者的參與,才能使得這個平台內容更加豐富,提供更多的應用程式和服務。從前單就一個公司的資源很難實現的商業模式,到了 IoT 時代就變得可能了。

這個方法的本質,也就是在共通的基礎架構上,逐漸建構各種的應用程式和服務。在設備上可以共享伺服器和應用程式開發環境之類的基礎架構,產生的成本則可採取「比率分擔」的方式。如此一來就可以在這個共享的基礎架構之上,不但可以提供應用程式的應用,還可以運用架構上的應用程式生成的新的服務。

 **交互運用模式的優點**

這種不同的業者在同一個平台上,採用交互運用的模式,建構各自的服務,到底能有什麼好處?

第一,應該就是**建構的速度**。如果僅僅是一家公司進行系統、應用程式的建構,光是想法創意和各種的資源可能就會成為瓶頸。但是,如果有多個供應商業者,將他們的想法創意帶入並一起進行開發,那麼各種服務的建構,應該會變得更快速。

第二,是**降低建構成本**。一家公司不必負擔基礎設備架構需要的所有費用。僅只需透過支付使用費用,就可以使用多個企業提供的公用資源,比起自

己一家公司的建構成本費用自然是少得多了。另外，無論是開發時需要參考的開發資料庫或是 PaaS，在共通平台上都已經預先架設完備，完全無需再另外添購。

第三，是**多樣化**。如果僅是由一家公司嘗試建構一個系統，一般都很難擺脫過去的思維、方法路徑、專業知識的範圍。透過其他公司自由地在開放平台上推出的各種服務，再加以運用，說不定更有可能生成內容更豐富實在的服務模式。

第四，是**安全的運作模式**。如果是一家的企業獨自想在基礎架構平台上，單獨建構多個服務和應用程式時，平台的資安管理和操作的複雜度是可想而知。但對於已經提供了足夠的共通平台功能和共通服務的平台而言，平台的安全性已經是可以控制的部分。

透過以上的方式在共通平台上開發應用程式，不但可以減少基礎架構的費用，還可以兼顧運營費用和資安管理。

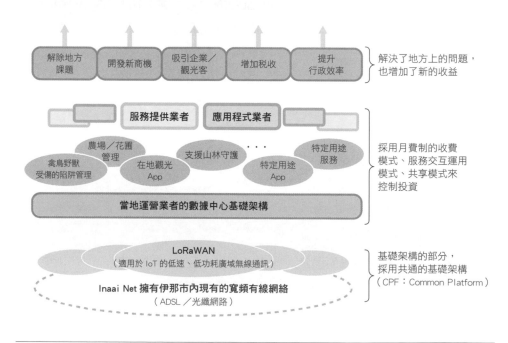

❏【圖表 8-12】伊那市的 Inaai 網路服務架構上的交互運用模式

上圖所顯示的是，採用地方自己架設的 LoRaWAN 廣域網路，所形成的交

互運用服務模式的基本構想。該區專屬的 LoRaWAN 廣域網路則是由日本長野縣伊那市的 Inaai Net（伊那市有線廣播農業合作社）和 JA 上伊那農協、Uhuru 公司共同協同架設而成。Inaai Net 所營運的有線網路，不但可以覆蓋整個城市，還可連接到的 LoRaWAN Gateway，不僅提供了方便各式各樣應用程式開發業者可以使用的完整基礎架構平台，在平台之上還可以交互使用各種解決地方問題的服務。

基礎架構和應用程式開發環境的部分，幾乎都是可以共享的，並且採用月費制的方式收費，以作為開發成本的回收。原來的計畫也是，先由最初的小規模方式開始，然後再逐漸擴展。目前已經形成了程式馬拉松的型態，短期內先形成解決各種地方問題的服務雛型，下一個階段則是計畫朝向商業化模式發展。

當然，以上的這些架構都不是只有 Inaai Net 一家公司即可完備。除了有伊那市政府背後的支持之外，還有許多的營運業者共同的協助，目的在建構一個可以交互運用的共通基礎平台。如上一章節所述，這種方法在國外智慧城市模式上的運用，已經是司空見慣的了，但在日本，這樣的模式也剛剛才在地方農村地區進行部署。

## 交互運用模式的關鍵是 API

在這個段落，我們會討論有關建構交互運用模式時的要點。

首先，必須先將自己的專有技術，建構一個參考用的架構體系或參考用的應用程式。接下來必須開發一個 Interface，這個 Interface 可以將應用程式必要的身分驗證、共通的 UI（User Interface，使用者介面）和開發資料庫功能等的標準功能切入平台端，並且經由 API 進行連接。如有必要，還必須準備 API 規格之類的文件檔。當然，還必須決定收費的方式。之後還會介紹，收費的對象可能可以是「如果引用 API 幾次之後」等之類的方式。

一旦各方功能都到位了，就可以對合作夥伴企業和營運供應業者進行平台的開放，以便他們可以使用 API。到這個階段，可能已經能夠部署到開放平台上，但是為了能夠交互運用平台上的應用程式等，應該先行在平台上建構各種沒有重複的應用程式。

還有必要設立一個中立性質的行政單位，例如可以對外向合作夥伴舉辦平台說明會等。初期的階段，還有必要提供合作夥伴，諸如如何投入設計使用者想要的應用程式等等的指導說明書。還必須針對自家的應用程式的使用方法和數據的魅力等加以說明，並明確強調使用該平台的誘因。經過了這些階段之後，才可以進行應用程式的交互運用模式。

 ## 平台即服務的模式

在建構了平台的基礎架構並且發表了 API 之後，接下來就必須檢討各種服務類型的模式，例如每個月的帳單和成果的報酬，以便營運業者的加入。當然，如果初期階段加入的成本愈低的話，就能吸引更多的營運業者的參與。

首先出現的是共享平台的收費方式。平台的基礎架構的提供商、應用程式的開發供應業者、應用程式使用戶、相關配合的其他業者及許多利益的相關企業等，到底是應該採用月費制或是年費的分擔方式呢？

一般，對於這種初期階段所必要投資的 IT，而這些 IT 費用分擔的方法稱為 IT 即服務（IT as Service），近年來也慢慢得到社會的認同。提供服務和服務開發等型態參與的合作業者，應該根據共通平台的使用頻率、數據的流量、存儲在存儲槽的數據量等來支付使用費用。然後，終端的使用者，則是支付使用這些服務供應者所提供的應用程式的使用費用。

當採用此樣的模式時，還必須考量根據服務的類型採取不同的收費方式。例如，對於電子看板上顯示內容的服務，因為所顯示的是廣告，所以就可以視為是廣告費用。但針對地方政府的服務、屬於高度公共型態的垃圾收集、環境偵測、災害防治等的服務，通常則是由地方政府的稅收來負擔這些服務費用。

上面曾經提及的幾個智慧城市，如巴塞羅那、尼斯和漢堡等，也都是基於這種 IT as Service 的服務概念，分攤收取共同基礎架構和營運的費用。

# 8.4

# 數據蒐集後的共享應用

## 數據積累的平台

　　如果收費方式是採月費或是年費的 IT as Service 的商業模式，進行共通平台的操作的話，則隨著參與的營運業者所提供的服務和應用程式的運作，所積累的數據勢必是愈來愈多。也就是說，數據存儲到一定程度，必須另外搬移到別處集中儲存。我們會將這種情況稱為**數據重力**（Data Gravity）。

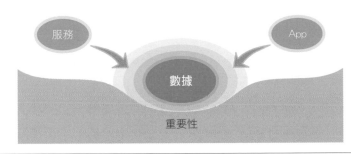

❏【圖表 8-13】Data Gravity 的概念圖

　　隨著服務和應用程式數量的增加，數據也會和使用指數呈現正相關的增加。 如果是無延遲和高吞吐量的數據，也會非常便於其他系統的運用，相對的被引用的次數和引用的數據量也會隨之增加。這就是所謂數據的重要性（＝數據的重力）也就增加了。

　　使用共通平台的應用程式提供業者、服務的提供業者、地方政府當局等利益相關的各方，因為數據的共享、運用，所以導致數據可以進行更複雜的分析。 以至於也可能形成單就該數據本身也能收取費用的業務模式。

**數據的共享／流通平台**

　　我們在第 5 章就介紹了數據累積後的各種應用，但是事實上在這些的數據被應用時，其實可以架構一個數據使用的付費模式。平台的使用費可以透過 IT as Service 的方式，實現收費的規畫。為了可以共享和運用這些數據，首先需要針對這些數據的使用，設計一個使用者付費的服務模式。此外還可以收取連接到數據儲存的數據資料庫的 API 費用。如此一來將可以實現，提供累積豐富數據的一個商業模式。

　　另外，僅仰賴一家企業的服務，是無法進行複雜的數據分析和數據運用，為了避免這種的現象，就可以針對共通平台上的盡可能開放使用共享數據，選用彈性的付費機制。例如，可以針對積極地在平台上提供數據的公司，給予很高的評價。同時，也可以針對積極使用數據的公司，給予很高的評價。對於時常針對數據進行整合、清理、加工的公司，也必須給予高度的評價。都可以針對平台的每個公司，設定一個稱為「數據貢獻度」的評價指標。數據貢獻度較高的公司，就可以適用較低的數據使用費。

　　提供數據應用的服務時，還必須積極地建立一個完整的數據分配機制。重要的是要建立一個對所有利益相關的夥伴公司都要公平、高度透明的系統。

 **基本運作與雲端服務的概念相同**

　　針對數據的共享和應用服務的付費系統，基本上和雲端系統的運作是一樣的。有關與數據應用相關的雲端服務計費模式有以下幾項。

● 根據所連接設備的數量收取管理費
● 根據數據存儲槽的使用量收取使用費
● 收取數據顯示應用程式（BI 工具、儀表板等）的使用費
● 根據與數據分析相關的計算能力（伺服器和 CPU）的使用收取費用
● 根據數據分析所需的 API 連接次數收取費用
● 根據數據傳輸／傳輸時的資源消耗收取費用

不僅可以因為提供數據的服務收費，還可以針對蒐集後的數據進行高度的處理和分析，進而保留和管理數據等的基本操作，都可以執行使用者付費的機制。

 **數據應該屬於誰？**

一旦談及服務模式和商業模式的話題，一定會出現的爭論就是「到底數據應該屬於誰？」當然有所謂的「屬於當事人」這樣的準則，但是對於過去處理的數據定義有許多種的解釋。以下圖表就是根據日本經濟產業省所制定的「促進數據交易的約定準則」，針對數據的權利歸屬所整理的相關概念。

❏【圖表 8-14】數據及其衍生物的相關歸屬權

| 歸屬型態 | 原始數據的權利歸屬方 | 衍生物的權利歸屬方 |
|---|---|---|
| 權利個別歸屬 | 保留於數據提供者 | 歸屬於數據的接受者※ |
| 權利完全歸屬於數據提供者 | 提供時點移轉至數據的提供者 | 製作完成的同時歸屬於數據的提供者 |
| 權利完全歸屬於數據接受者 | 提供時點移轉至數據的接受者 | 製作完成的同時歸屬於數據的接受者 |

※ 由於包含衍生數據在內的原始數據的權利，保留給數據提供者，因此也期望能檢討有關數據接收者對衍生數據等的可能處分範圍。

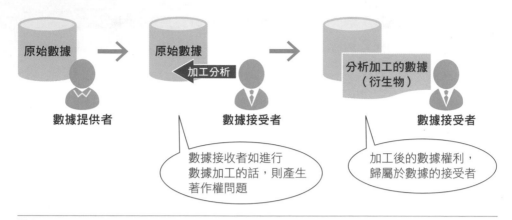

❏【圖表 8-15】數據及其衍生物相關的權利歸屬

右上圖可知，數據加工處理之後，所生成的衍生物的權利，也是由原始數據的權利所有者擁有。因此，可以認定處理數據的一方是不具有所有權，只有享有加工後的數據的使用權。

如果數據的取得來源在某種程度上，可以統一與數據的來源進行交涉，可能的話，說不定可以朝著共同使用的理想。也可以建構一個與原始數據的所有者和該數據的使用者，各自所提供的數據服務，進行無縫連結的新服務模式。這種情況下，就可以將經過統計處理和分析處理後的加工數據，藉由 API，可以互相參照使用，形成一種使用的模式。

# 8.5

# 平台服務的開發投資必須持續

 **服務的持續性**

IoT 的服務，應該不是屬於一次投資之後就可坐享其成的商業模式。對於服務的運作，需要持續不斷地改善進步，也為了必須要能擴充新的功能和服務，所以投資勢必也不能中斷。例如生產作業的監控和城市問題的支援等等，這些都是運作多年的服務系統模式。

正因為服務的持續性，系統的設計，也必須朝向持續性的服務上下功夫。除此之外最好還能透過現有的服務系統，定期衍生或是併入新的創意和需求。也為了能提供這樣的持續性的服務，必須透過終端用戶的收費方式或是廣告等各種方式以增加投資的回收。但收取費用的方式，並非僅採取統一的單一收費方式，這點對於新的商業模式的初期階段非常重要。重點還是在於是否能持續提供有吸引力的服務，或是善用數據，建構一個有別於傳統模式，擁有自家公司特色的新服務模式。

 **持續為了提升服務所以投資**

為了服務系統的維持和新功能的開發，持續性的投資已是不可避免。特別是製造業，通常會將添購各種事物、機械、器具等編入年度的事業計畫。卻很少會將服務系統的修改費用、營運費用、新的服務系統的追加費用等納入年度計畫的考量。

事實上在系統建構的初期階段開始，對於服務內容的增加、功能的擴張等就應該要有明白的意識，在可能的範圍內，必須編列該有的規畫行程表。如果預期新的服務內容，還能延展到其他部門的話，那就還必須規畫分享部門一起分擔成本費用的概念。

8

全面的平台服務系統

對於向來習慣於實體產品銷售商業模式的製造業者而言，即使不斷地說明為什麼持續不斷的投資，絕對有其必要的理由，不能理解的管理高層還是大有人在。但是重點還是在於，如果投資可以回收或是有勝算，投資就並無不可了。我們還是要強調投資可以透過不同的收費型態和服務的擴展，可以形成一個高度多元的商業模式，而不是僅限於提供單項的產品或服務。所以必須要有一個強而有力的計畫，來建構一個能夠支撐這種持續性投資的商業行為。

 ## IoT 的成熟階段

筆者經過了這麼多年投入 IoT 系統服務的開發，每每都在思考，投入開發的階段性任務，到底可以達到什麼樣的目標。而什麼樣的狀態，才是 IoT 系統的成熟階段呢？

系統開始的初期，我們可能會要求將不可見的數據形成「可視化」。而「可視化」可能就可以透過提供儀表板操作的方式，達到數據的「可視化」，這種狀況則可以視為階段性的第 1 階段。

接下來，藉由「可視化」結果的操作，進而可能需要現場作業設備的自動化、人員活動狀況的控制等的「服務化」需求就產生了，這個階段則可視為第 2 階段。

因為需求，進而就希望藉由應用程式，來確認作業現場的智慧控制是否得當，或是永不停止的自動化生產過程，或是引入服務級別收費的 SLA（Service Level Agreement，服務級別協定）類型的服務，則可視為第 3 階段。

以下的進展，應該就可視為達到第 4 階段的運作：

● 根據運作狀態和使用狀態進行優化
● 解決目前為止沒有注意或是因為某種原因無法執行的事項

最後，就是進入 IoT 系統自主執行的自動化和優化，則為第 5 階段。也就是雲端和邊緣的自主分佈式處理、IoT 系統／平台之間的協作／編排服務、數據的流通、資料交換等等。到了這個階段，就可以針對使用情況和數據的處理量，提供相對應的服務。

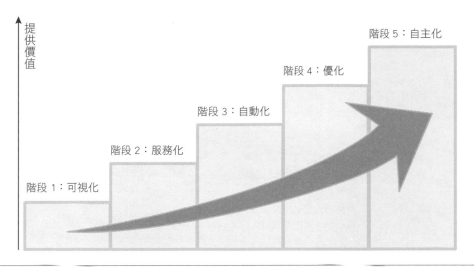

□【圖表 8-16】IoT 的成熟階段

以階段 4 而言，我們在 3.3 的章節中，也曾經介紹過的例子，就是運用 IoT 掌握車輛等日常使用狀態的保險業務（UBI：Usage Based Insurance，基於使用量的保險）。在這項保險服務中，保險公司透過汽車、人員、設備所連結的感測器，進行大量數據的蒐集，之後再透過機器的學習和 AI 的分析，根據個別的使用程度，進行保險費用的適度調整等，提供了保險費用的優化服務。

購買車輛保險的使用者，可以透過 IoT 的機制，將車輛所有行駛狀態的訊息傳送給保險公司。保險公司再將這些訊息數據經過處理之後，就可以進行最佳保險規畫的提案。因為這樣的運作，用戶和保險公司都非常容易理解雙方的益處，所以近來已成為 IoT 中較受關注的一項服務。

但是，這樣的服務模式也不是一蹴可幾。首先，就必須先要有可視化的數據和實際情況的監控。之後，再透過許多的設備、人、車輛等蒐集的數據，進行分析，並嘗試規畫一個最佳的優化合約。在這個過程的中間，當然還可以適時地引進新的服務，但是還是要等到達到優化之後，才能看得到比較大的成果。

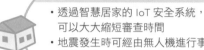

**汽車相關的 IoT：**
**遠端訊息處理的保險**

- 根據里程數量和駕駛狀況評估保險費
- 運用無人機進行事故的勘查
- 保險公司的工作量約可減少 50%

**醫療 IoT：**
**促進健康的保險**

- 使用穿戴式設備，監控健康狀況，提供保險費優惠 20-30%

**機器設備 IoT：**
**設備／動產等的保險**

- 監看設備的運作狀態，如果沒有異常或故障發生，則可享保費折扣

**居家 IoT：**
**火災／地震等的保險**

- 透過智慧居家的 IoT 安全系統，可以大大縮短審查時間
- 地震發生時可經由無人機進行事故的判斷，可縮減保險審查時間到僅需原來的數十分之一

❏【圖表 8-17】根據使用量提升 IoT 保險業務優化範例

## 邁向數位的價值鏈

　　就如本書的前面所敘述，IoT 就是由小地方的想法創意開始，慢慢不斷地透過服務的擴充，達到共通基礎平台的架構，並對外開放平台的使用。如此一來將可以形成一個應用程式開發的生態系統，進而引進可以形成大型平台和服務的模式架構。這樣的組合，才能說是 IoT 系統形成的真正醍醐味。

　　IoT 的所有連結，都是由事與物連接到網路開始。價值鏈中，到目前為止尚未連結的所有人員、組織、業務流程，都可藉由連線相互連結。再者透過問題解決的服務化，逐步解決作業現場出現的各種問題。換個角度來看，這些過程和服務都不是一家企業就可以完全應付，是與這些業務相關的所有相關業者才能解決的問題。

　　此外隨著 AI 的技術，可以針對 IoT 數據，進行自動和優化處理之後，新的商機，可能也會由此而生。特別是數據、資料的銷售和交換，需要有非常多相關領域人員的參與。這些數據和專業知識的交流，所創造出可能的新商機，也因此可能可以吸引更多人的關注。

像這樣，IoT 所連結出來的數位價值鏈，今後的發展實在非常令人期待。筆者也希望在思考應該開發什麼樣的系統時，必須要非常清楚了解，什麼才是建構一個作業現場真正需要的系統。

# 結語

　　大約在 10 年前，雲端運算、iPhone 智慧型手機、社群媒體問世之後，世界好像瞬間就發生了非常巨大的變化。有想法、有創意的人，立即就可以吸引社群媒體內的朋友們的目光，在雲端建構一些服務以及利用行動裝置進行一些商業活動，好像都變得理所當然。這樣的技術，不僅僅是身為消費者的我們，就是企業各界，甚至連那些看似傳統又古板、與這些技術好像有些距離的產業，也開始思考如何使用，慢慢又擴展到所有的行業，這樣的技術就是目前流行的 IoT 產業。

　　與傳統的資訊系統不同，也並非是為了提升產能或是降低成本，IoT 一直是朝向，如何透過作業現場稼動的機器設備、感測器和嵌入式設備等的系統化，如何喚起企業朝向創新的商業模式。而 IoT 的業務規畫範圍，也已經不是目前的企畫人員或是工程師所能涵蓋的工作範圍，也不是現今簡單就能理解的狀況。這也是筆者希望出版此書的重點，希望大家對 IoT 能有真正的了解。

　　在日常的業務運作中，IoT 系統藉由各式各樣的裝置設備和應用程式產生了，遠遠超過人類所能處理的大量數據，因此即時性的運用也變得日益重要，這也是為什麼大家對 AI 人工智慧的期待也變得愈來愈大。

　　但是，有許多的企業並沒有擁有相當數量的數據，還沒有達到可以充分運用 AI 的程度，因此蒐集足夠的數據就顯得非常的重要。從這個意義上來說，IoT 可以說，更需要藉著數據的驅動力，從而實現了管理和新的商業模式的形成。此外筆者也相信，業務商機和系統是一個整合的關係，也會藉由建置的過程，增加彼此之間的競爭力。本書中所提到的感測器和各種的裝置設備，也是日新月異不斷地進步，IoT 平台、商業情報及人工智慧等軟體，無論是哪一項技術無不是呈現快速的發展。但是，也變得愈來愈商品化，價格也不再是非常的高不可攀。換句話說，架構一個 IoT 系統的相關技術和成本的障礙，正在慢慢在下降之中。

　　透過 IoT 可以實現數據分身的世界，也可以說是 IoT 技術的運用，是透過

不斷反複的試驗和快速的結合，才得以慢慢達到這樣的境界。此外與目前的工程師和企畫人員不同的還有，IoT 技術並非所有的事，都要自己一個人作成，只要了解操作和原理，就能夠以非常快速的姿態進行操作。這個時代已經是，具有雲端技術的人可以往設備方面發展，反之亦然，不能存在有不了解的邊界，需要具備技能和發展的知識。如果能夠掌握「IoT＝創造新的體驗價值並透過連接所有邊界解決問題」，那麼就有許多建置 IoT 系統的機會，圍繞在這些工程師和企畫人員的身邊。筆者也十分期待，讀者的工程師、企畫人員也能藉此創造新的價值。

在編寫本書之際，筆者要非常感謝 SB Creative福井編輯，即使編寫的進度，遠遠地落後了最初的進度規畫，福井編輯也還是非常有耐心地等候撰寫成員們的撰稿。還要向物聯網創新中心的所有成員表達謝意，感謝他們為每一個章節的辛勤付出。

執筆人代表

八子知礼（やこ・とものり／Yako, Tomonori）

# 參考文獻和資料

## 書籍（日本）

- 桑津浩太郎《2030 年的 IoT》（暫譯，原書名『2030 年の IoT』2015 年・東洋経済新報社）
- 小泉耕二《2 小時全攻略・圖解 IoT 商機》（暫譯，原書名『2 時間でわかる 図解 IoT ビジネス入門』2016 年・あさ出版）
- 片山暁雄、松下享平、大槻健、大瀧隆太、鈴木貴典、竹之下航洋、松井基勝《IoT 工程師的養成讀本（Software Design plus）》（暫譯，原書名『IoT エンジニア養成読本（Software Design plus）』2017 年・技術評論社）
- 行動運算促進聯盟（監修）《IoT 技術手冊》（暫譯，原書名『IoT 技術テキスト』2016 年・リック テレコム）
- 大前研一《大前研一 IoT 革命》（暫譯，原書名『大前研一 IoT 革命』2016 年・プレジデント社）
- 尾木蔵人《決定版工業 4.0》（暫譯，原書名『決定版インダストリー 4.0』2015 年・東洋経済新報社）
- 日經電腦（編集）《大數據百科全書 2017》（暫譯，原書名『すべてわかるビッグデータ大全 2017』2016 年・日経 BP 社）
- 日經通訊（編集）《成功的 IoT》（暫譯，原書名『成功する IoT』2016 年・日経 BP 社）

## 書籍（日本以外）

- 美國國家標準協會（原文：ANSI）(ANSI Approved)《ASHRAE 標準 62.1-2016 可接受的室內品質之下的通風》（暫譯，原書名 *ASHRAE Standard 62.1-2016 Ventilation for Acceptable Indoor Air Quality*，2016 年・ASHRAE）

## Web 資料（日本）

- BeaconLabo《10 分鐘了解 Beacon？為何值得成為焦點？》（暫譯，原名『10 分でわかる Beacon と は な に か？ な ぜ 注 目 さ れ て い る の か？』2015 年・http://beaconlabo. com/2015/08/1355/）
- 藤井宏治《了解 3 個 LPWA 典型技術的差異：【SIGFOX、LoRa、NB-IoT】》（暫譯，原名『3 つ の 代 表 的 LPWA の 違 い を 理 解 す る【SIGFOX、LoRa、NB-IoT】』2017 年・business network.jp・http://businessnetwork.jp/Detail/tabid/65/artid/5106/Default.aspx）
- 商機＋IT 《何謂 CPS？與 IoT 有何不同？採訪 IBM 日本首席技術官 山本宏志，談論「IoT」和「職人技術」的融合》（暫譯，原名『CPS とは何か？ IoT と何が違うのか 日本 IBM 山本宏 CTO に聞く『IoT』と『匠』の融合』2016 年・ビジネス＋IT・http://www.sbbit.jp/article/cont1/32470)
- Dust Networks 《IoT｛Internet of Things｝摘要》（暫譯，原名『IoT｛Internet of Things｝まとめ』2015 年・ダスト・ネットワークス・http://iot-jp.com/iotsummary/iottech/dust-networks（ダスト・ネットワークス）/.html）
- Marutsuelec《IC 溫度感測器》（暫譯，原名「IC 温度センサ」・マルツエレック・https://www. marutsu.co.jp/contents/shop/marutsu/mame/49.html）
- 《創意日本研究會報告書：公開數據的經濟效果推估》（暫譯，原名『Innovation Nippon 研究会報告書 オープンデータの経済効果推計』2013 年・http://innovation-nippon.jp/ reports/2013StudyReport_OpenData.pdf）
- 小川誠《支援 IoT／M2M 最新無線技術［第 2 回］Sub 1GHz 以下無線標準＜ Z-Wave ＞的最新無線技術，是智慧居家市場的最佳選擇》（暫譯，原名『IoT／M2M を支える最新ワイヤレス技術［第 2 回］スマートホーム市場に最適なサブ 1GHz 無線規格『Z‐Wave』』2015

年・http://itpro.nikkeibp.co.jp/atcl/column/15/093000232/093000002/〉

◉ 小山安博《IoT 時代，資安的保護神：安謀的 TrustZone 是什麼？》（暫譯，原名『IoT 時代のセキュリティを守る ARM の『TrustZone』とは何か』2016 年・オーム社・https://the01.jp/p0002745/〉

◉ 總務省・経濟產業省《物聯網安全指南 1.0 版 概述》（暫譯，原名『IoT セキュリティガイドライン ver 1. 0 概要』2016 年・http://www.meti.go.jp/press/2016/07/20160705002/20160705002-2.pdf）

◉ 冨永裕子《探索 IoT 的本質與價值，第 1 回：思考 IoT 出現的背景》（暫譯，原名「IoT の本質と価値を探る 第 1 回：IoT が登場した背景を考える」2015 年・IT Leaders・http://it.impressbm.co.jp/articles/-/12063）

◉ NEC《不變分析》（暫譯，原名『インバリアント分析』http://jpn.nec.com/rd/research/DataAnalytics/invariantan alysis.html）

◉ Gartner《Gartner 發表：人工智慧（AI）的 10 個最"常見的誤解"》（暫譯，原名『ガートナー、人工知能（AI）に関する 10 の『よくある誤解』を発表』2016 年・ガートナー、プレス リリース・https://www.gartner.co.jp/press/html/pr20161222-01.html）

◉ 測量儀器實驗室《加速度偵測的基礎》（暫譯，原名『加速度計測の基本』・計測器ラボ・https://www.keyence.co.jp/ss/recoder/labo/ acceleration/base.jsp）

◉ IDC Japan《公告：國內 IoT 市場按用例（用途）／產業畫分的預測》（暫譯，原名『国内 IoT 市場 ユースケース（用途）別／産業分野別予測を発表』2017 年・http://www.idcjapan.co.jp/Press/Current/20170220Apr.html）

◉ 松ヶ谷和沖《支援自動駕駛的感測技術》（暫譯，原名『自動運転を支えるセンシング技術』2016 年・デンソーテクニカルレビュー Vol.21・https://www.denso.com/jp/ja/innovation/technology/dtr/v21/ keynote-03.pdf）

◉ SMC《開關／感測流量的感測器原理》（暫譯，原名『スイッチ / センサ 流量センサの原理』・http://www.smcworld.com/switch_sensor/glossary.do?ca_id=66&tag=g06）

◉ 井上泰一、早川明宏、亀井卓也《中國物聯網的發展及日本企業的機會》（暫譯，原名『中国における物聯網（ウーレンワン）構想の准展と日本企業参入の機会』・https://www.nri.com/jp/opinion/chitekishisan/2011/pdf/cs20110505. pdf）

◉ 経濟產業省《促進數據交易的契約準則》（暫譯，原名『データに関する取引の推進を目的とした 契約ガイドライン』2015 年・http://www.meti.go.jp/press/2015/10/20151006004/20151006004-1.pdf）

◉ Alioth System《解析數據分析的三大技術－數學、程式設計、數據庫》（暫譯，原名「データ分析のための三大技術～数学・プログラミング・データベースを理解する～」2016 年・アリオトシステム・http://alioto.jp/archives/425〉

◉ 總務省《[運用大數據的路面管理和農業高度化]、[廣播和通訊等公共領域的個人識別服務]及[建構智慧的白金社會]等示範活動的意見募集》（暫譯，原名『＜ビッグデータの活用による路面管理及び農業の高度化＞、＜放送・通信分野等における公的個人認証サービスの利活用＞及び＜スマートプラチナ社会の構築＞に関する実証に対する意見募集』2014 年・http://www.soumu.go.jp/menu_news/s-news/01ryutsu02_02000092.html）

◉ 創意日本研究会報告書《共享訊息的經濟影響和政策考量》（暫譯，原名『人々の情報シェアがもたらす経済的インパクトと政策的検討』2017 年・Innovation Nippon 研究会報告書・http://www.innovation-nippon.jp/reports/2016IN_Report_InfoShare.pdf）

### Web 資料（日本以外）

◉ BUILDERA 《二氧化碳（$CO_2$）的監測服務》（暫譯，原名『CARBON DIOXIDE ($CO_2$) MONITORING SERVICE』・http://www. buildera.com/carbon-dioxide-co2-monitoring-service/

◉ Dave Evans 《物聯網的發展如何改變一切》（暫譯，原名『The Internet of Things How the Next Evolution of the Internet Is Changing Everything』2011 年・Cisco Internet Business Solutions Group・http://www.cisco.com/c/dam/en_us/about/ac79/docs/innov/IoT_IBSG_0411FINAL.pdf）

# 譯名對照

（按：按英文字母順序排列）

| 原文縮寫 | 中文 | 英文全文 |
|---|---|---|
| **A** | | |
| AI | 人工智慧 | Artificial Intelligence |
| ADSL | 非對稱數位用戶線路 | Asymmetric Digital Subscriber Line |
| APaaS | 應用程式平台即服務 | Application Platform as a Service |
| API | 應用程式介面 | Application Programming Interface |
| App | 應用程式 | Application |
| AR | 擴增實境 | Augmented Reality |
| ASIC | 特殊應用積體電路 | Application Specific Integrated Circuit |
| AWS | 亞馬遜網路服務 | Amazon Web Services |
| **B** | | |
| BI | 商業智慧 | Business Intelligence |
| BLE | 藍牙低功耗 | Bluetooth Low Energy |
| Bluetooth SIG | 藍牙技術聯盟 | Bluetooth Special Interest Group |
| **C** | | |
| CAD | 電腦輔助設計 | Computer Aided Design |
| CAN | 控制器區域網路 | Controller Area Network |
| CEATEC | 最先端電子資訊高科技綜合展 | Combined Exhibition of Advanced Technologies |
| CEP | 多點傳輸加密 | Certes Enforcement Point |
| CMOS | 互補式金氧半導體 | Complementary Metal Oxide Semiconductor Image Sensor |
| COO | 營運長 | Chief Operating Officer |
| CPF | 共通平台 | Common Platform |
| CPU | 中央處理器 | Central Processing Unit |
| CSV | 逗號分隔值 | Comma- Separated Values |
| **D** | | |
| DevOps | 開發與操作 | Development & Operations |
| DDoS | 阻斷服務攻擊 | Distributed Denial of Service |
| **E** | | |
| EBPM | 實證基礎的政策決策 | Evidence–Based Policy Making |
| EC | 電子商務 | Electronic Commerce |
| ECU | 汽車專用的微控制器 | Electronic Control Unit |
| **F** | | |
| FA | 工廠自動化 | Factory Automation |
| FIELD | 日商 FANUC 公司的智慧邊緣連接和驅動 | FANUC Intelligent Edge Link and Drive |
| **G** | | |
| 3GPP | 第三代合作夥伴計畫 | 3rd Generation Partnership Project |
| **H** | | |
| HEMS | 居家能源管理系統 | Home Energy Management System |

| HDR | 硬碟記錄器 | Hard Drive Recorders |
|---|---|---|
| HPMC | 洛杉磯好萊塢長老會醫學中心 | Hollywood Presbyterian Medical Center |
| HTTP | 超文本傳輸協定 | Hyper Text Transfer Protocol |
| HTTPS | 超文本傳輸安全協定 | Hyper Text Transfer Protocol Secure |
| **I** | | |
| I2C=IIC | IC 之間匯流排 | INTER IC BUS |
| IaaS | 基礎設施即服務 | Infrastructure as a Service |
| IEEE | 電機電子工程師協會 | The Institute of Electrical and Electronics Engineers |
| IIC | 工業物聯網聯盟 | Industrial Internet Consortium |
| IMEI | 國際行動裝置辨識碼 | International Mobile Equipment Identity |
| IMSI | 國際移動使用者辨識碼 | International Mobile Subscriber Identity |
| iOS | 蘋果手機作業系統 | iPhone Operation System |
| IPA | 資訊技術促進機構 | Information- technology Promotion Agency |
| IPL | 起動輸入程式 | Initial Program Loader |
| IPv4 | 網際網路通訊協定第 4 版 | Internet Protocol version 4 |
| IP- VPN | 虛擬私有網路服務 | IP Virtual Private Network |
| IT | 資訊科技 | Information Technology |
| IVI | 日本工業 4.0 推動聯盟 | Industrial Value chain Initiative |
| **J** | | |
| JETRO | 日本貿易振興機構 | Japan External Trade Organization |
| JPEG | 聯合圖像專家小組／一種電子影像檔案的壓縮標準 | Joint Photographic Experts Group |
| JSON | JavaScript 物件表示法 資料交換語言的一種 JavaScript 是一種進階的程式語言 | JavaScript Object Notation |
| **L** | | |
| L2 VPN | 第 2 層虛擬專用網路 | Layer 2 Virtual Private Network |
| LGBT | 女同性戀者、男同性戀者、雙性戀者與跨性別者的統稱 | Lesbian、Gay、Bisexual、Transgender |
| LiDAR | 光學雷達（簡稱光達） | Light Detection and Ranging |
| LPWA | 低功耗廣域網路 | Low Power Wide Area |
| LTE | 長期演進技術 | Long Term Evolution |
| **M** | | |
| MAU | 每月活躍使用帳戶 | Monthly Active User |
| MEMS | 微機電系統 | Micro Electro Mechanical Systems |
| MQTT | 訊息佇列遙測傳輸 | Message Queueing Telemetry Transport |
| **N** | | |
| NAS | 網路硬碟 | Network Attached Storage |
| NB- IoT | 窄頻物聯網 | Narrow Band Internet of Things |
| NoSQL | 非關聯式資料庫 | Not Only Structured Query Language |
| **O** | | |
| ODB | 車載診斷系統 | On- Board Diagnostics |
| OS | 作業系統 | Operating System |
| OSI | 開放式通訊系統互連 | Open Systems Interconnection |
| OSS | 開源軟體 | Open- Source Software |
| OT | 操作技術 | Operational Technology |
| OTA | 空中下載更新 | Over The Air update |
| **P** | | |
| PaaS | 平台即服務 | Platform as a Service |

| | | |
|---|---|---|
| PAN | 個人區域網路 | Personal Area Network |
| PDCA | 計畫- 執行- 檢查- 行動 | Plan- Do- Check- Act |
| PF | 性能因素 | Performance Factor |
| PKI | 公開金鑰基礎建設 | Public Key Infrastructure |
| PLC | 可編程邏輯控制器 | Programmable Logic Controller |
| PLM | 產品生命週期管理 | Product Lifecycle Management |
| PNG | 可攜式網路圖形 | Portable Network Graphics |
| PoC | 概念驗證 | Proof of Concept |
| POS | 銷售時點情報系統 | Point of Sale |
| **R** | | |
| RDB | 關聯式資料庫 | Relational Database |
| RDBMS | 關係型資料庫管理系統 | Relational Database Management System |
| RESAS | 區域經濟分析系統 | Regional Economy Society Analyzing System |
| RFID | 無線射頻辨識 | Radio Frequency Identifier |
| RPMA | 隨機相位多重存取 | Random Phase Multiple Access |
| RRI | 機器人革命倡議協議會 | Robot Revolution Initiative |
| **S** | | |
| SaaS | 軟體即服務 | Software as a Service |
| SCADA | 系統監控和資料擷取 | Supervisory Control and Data Acquisition |
| SDK | 軟體開發套件 | Software Development Kit |
| SLA | 服務級別協定 | Service Level Agreement |
| SMS | 簡短訊息服務 | Short Message Service |
| SNS | 社群網路服務 | Social Networking Services |
| SoR | 記錄系統 | Systems of Record |
| SPI | 串列外設介面 | Serial Peripheral Interface |
| SQL | 結構化查詢語言 | Structured Query Language |
| SSL | 安全通訊協定 | Secure Sockets Layer |
| **T** | | |
| TAM | 整體潛在市場 | Total Addressable Market |
| TEE | 可信執行環境 | Trusted Execution Environment |
| TLS | 傳輸層安全性協定 | Transport Layer Security |
| **U** | | |
| UBI | 以駕駛行為為計費基礎的保險 | Usage Based Insurance |
| UI | 使用者介面 | User Interface |
| **V** | | |
| VPN | 虛擬專用網路 | Virtual Private Network |
| VR | 虛擬實境 | Virtual Reality |
| **W** | | |
| WAN | 廣域網路 | Wide- Area Network |
| WEP | 有線等效加密 | Wired Equivalent Privacy |
| WPA | Wi- Fi 存取保護 | Wi- Fi Protected Access |
| **X** | | |
| XML | 可延伸標記式語言 | Extensible Markup Language |
| **Z** | | |
| ZDT | 零停機時間 | Zero Down Time |

# 作者介紹（依據 2017 年原書刊載的內容寫成）

## 八子知礼（やこ・とものり／ Yako, Tomonori）

曾負責日本 Panasonic（前松下電器工業有限公司）通訊機器的企畫開發與新服務事業部門的設立。曾任安達信會計師事務所（Arthur Andersen）/ 畢博管理諮詢公司（Bearingpoint）、勤業眾信聯合會計師事務所（Deloitte Touche Tohmatsu）執行董事合夥人及思科諮詢服務（Cisco Consulting Services）資深顧問。也曾擔任通訊／媒體／高科技等產業的高級顧問，對於新事業體的戰略企畫、客戶／產品／行銷策略和價值鏈重組等方面皆有非常豐富的經驗。是日本最早的「行動雲端」倡導者，致力於 M2M ／ IoT 等相關業務的發展。2016 年起，任職 Uhuru IoT 創新事業所所長兼任執行顧問，負責 IoT 的啟發活動和業務的推展。

## 杉山恒司（すぎやま・こうじ／ Sugiyama, Koji）

曾任職於日本主要的大型電信營運商 IT 部門，負責系統工程、系統銷售、新業務開發等工作約 16 年。在職期間的西元 2000 年，曾與電信營運商的配合企業，推廣 PAN（Personal Area Network，個人區域網絡）的運用，促成多個新事業體的發展。之後成立了一家 IT 相關的創業投資公司，經歷了企業的經營、上市。曾擔任該企業集團的產品項目總經理、新事業計畫推展的最高負責人。之後也曾擔任多家企業的顧問、諮詢顧問等。2012 年正式進入 Uhuru 公司，歷經開發部部門長、人事總務部部門長、營業部部門長、聯合部門長等職，負責 Uhuru 公司 IoT 創新中心的策畫和設立，同時擔任部門總經理。目前也是日本九州大分縣商業產業勞動省的戰略顧問。

## 竹之下航洋（たけのした・こうよう／ Takenoshita, Koyo）

日本立命館大學理工研究所畢業，主攻機器人技術與生物工程。在學期間即參與了日本 DWANGO Co., Ltd（日文：株式会社ドワンゴ）研發中心的 Web 系統開發，之後還參與了機器人硬體系列相關的開發，並且擔任該項目計畫的執行委員和營運長（COO）。2009 年開始，任職於嵌入式設備相關企業，負責產品開發及推廣 IoT 運用的相關業務規畫。2016 年 4 月被 Uhuru 公司聘為 IoT 創新中心的 IT 結構設計師。在許多的展覽會和研討會上曾有多場的專業演講。目前致力於 IoT 普及的同時，也不斷推行資訊安全風險相關的教育活動。

## 松浦真弓（まつうら・まゆみ／ Matsuura, Mayumi）

曾任職日本 MACNICA Inc.（日文：株式会社マクニカ），擔任積體電路的應用工程師，負責日本大型製造企業的技術指導。之後也曾任職於日本 Lattice Technology（日文：ラティス テクノロジー株式会社）長達約 10 幾年，主要從事製造業核心技術的 3D CAD 相關的軟體行銷、產品企畫、合作夥伴的銷售等，為公司的發展貢獻良多。近年來，一直以一名積極的倡導者自居，提倡建築業應該積極應用 3D 數據。同時也發起了一項 iOS 的組織聯盟，該聯盟主要是提倡製造業者，在作業活動的過程中，應該積極應用平板電腦，以連結相關的業務活動，該聯盟至 2017 年成立已約 3 年，也一直擔任領導者的角色。自 2016 年 5 月起，進入 Uhuru 公司 IoT 創新中心擔任經理一職。

## 土本寬子（つちもと・ひろこ／ Tsuchimoto, Hiroko）

曾任職於製造系的系統開發公司，擔任 Java 程式設計師和系統工程師。之後，加入日本 NEXTEQ（日文：ネクステック株式会社）公司，擔任日本大型製造業中物料清單（BOM）的建構，參與各種製造項目的合作。之後再任職於日本 CHANGE Inc.（日文：株式会社チェンジ），擔任尚在萌芽階段的大數據相關通訊網路的創辦工作並且擔任副總編輯，協助企業如何運用大數據。2016 年開始，擔任 Uhuru 公司 IoT 創新中心經理，負責 IoT 項目的諮詢與教育業務。目前也是 IoT 創新中心的外聘研究員。

## Uhuru 公司 IoT 創新中心（日文：（株）ウフル IoT イノベーションセンター）簡介

Uhuru Co., Ltd. 是屬於一家創業投資公司，以合作創新為企業宗旨，促進雲端／物聯網等相關業務的諮詢與整合。

「Uhuru 公司 IoT 創新中心」是少數一家，以結合各界菁英的事業生產單位。為了因應時代的變化，在這個絕非僅是一家企業就能達成「企業共同創新」的時代，為客戶開創各種新的商業模式。藉由各家企業合作協同的方式，組成可以快速啟動的商業模式，以「IoT 合作夥伴聯盟」的推動為主，藉由相關的合作夥伴、地方單位、政府等的合作，透過各種開放式的創新活動，進而連結所有相關的人、事、物、數據，解決相關面臨的課題，共創未來的各種商機。

公司官網：http://iot.uhuru.co.jp/

國家圖書館出版品預行編目 (CIP) 資料

完全圖解物聯網：實戰‧案例‧獲利模式 從技術到商機、從感測器到系統建構的數位轉型指南 / 八子知礼編著；杉山恒司, 竹之下航揚, 松浦真弓, 土本寬子合著；翁碧惠譯 . -- 初版 . -- 臺北市：經濟新潮社出版：英屬蓋曼群島商家庭傳媒股份有限公司城邦分公司發行 , 2021.06

　　面；　公分 . -- ( 經營管理；169)

譯自：IoT の基本‧仕組み‧重要事項が全部わかる教科書

ISBN 978-986-06427-3-5( 平裝 )

1. 物聯網 2. 網路產業 3. 技術發展

484.6　　　　　　　　　　　　　　　　110007285